# 【中建杯】"5+2"
## 环境艺术设计大赛优秀作品集

THE "5+2" ENVIRONMENTAL ART DESIGN CONTEST OF THE CUP OF
CHINA INSTITUTE OF ARCHITECTURAL DECORATION AND DESIGN

四川美术学院环境艺术设计系 主编

中国建筑工业出版社
CHINA ARCHITECTURE & BUILDING PRESS

图书在版编目(CIP)数据

中建杯"5+2"环境艺术设计大赛优秀作品集/四川
美术学院环境艺术设计系主编. —北京:中国建筑工
业出版社,2012.10
ISBN 978-7-112-14716-8

I.① 中...II.① 四...III.① 环境设计-作品集-中
国-现代IV.① TU-856
中国版本图书馆CIP数据核字(2012)第225179号

责任编辑:张华 吴佳
责任设计:赵力

中建杯"5+2"环境艺术设计大赛优秀作品集
四川美术学院环境设计系 主编
*
中国建筑工业出版社 出版、发行(北京西郊百万庄)
各地新华书店、建筑书店经销
重庆宏昊印务有限公司印刷
*
开本:880×1230毫米 1/16 印张:13½ 字数:430千字
2012年10月第一版 2012年10月第一次印刷
定价:128.00元
ISBN 978-7-112-14716-8
　　(22797)

　　中建杯"5＋2"环境艺术主题设计大赛的主题为"再生"。何谓再生？从生物学上讲是指生物体对失去的结构重新自我修复和替代的过程。我们也可以理解为再生是在即将失去的原有母体或根基上的延续、继承和发展。因此，我们从三个方面来阐释大赛的主题：一是发展性地挖掘与延续地方特色文化、民俗民风，促进地方自然生态与人文环境和谐发展的再生设计；二是针对灾害、次生灾害的预防及灾后重建，以设计的理念和方法促进防灾及灾后生态、人文环境的自我修复与再生系统的建立；三是对旧有建筑环境空间、建筑材料等资源的再生利用，提倡低碳生活，控制建设成本，形成良好的再生资源循环系统。随着科学技术的发展，信息时代的到来，全球一体化进程的加速，我国经济社会的快速发展，新技术、新材料、新观念和快速增长的社会需求为环境艺术设计的发展提供了前所未有的机遇。与此同时，全球经济一体化带来的文化趋同，追求快速发展造成的对地域自然与人文环境的忽视和对资源的粗暴开发等问题，成为环境艺术设计发展中新的挑战。再生设计即是面对机遇与挑战的当代设计中很重要的一种设计理念和价值取向，对于设计人才的培养尤为重要。

　　本届中建杯"5＋2"环境艺术设计大赛的作品来自重庆、四川、云南、贵州、广西五省市和中国台湾及日本的院校，这些作品较好地体现了不同地域院校在人才培养中对设计价值取向的理性思考和教学创新。各地的大学生们围绕"再生"主题各展所长，表现出对自然环境和地域文化生态的关注与尊重，设计创意敏锐大胆，从多维度反映了设计的人文关怀，这些优秀作品使我们对中国环境艺术设计的未来充满了希望和信心。

　　西南地区较之我国东部经济发达地区，经济发展及设计行业发展相对滞后。正因为西南乃至中国环境艺术设计发展之路犹长、问题犹在，我们更希望借此大赛作为助推器，推动区域环境艺术设计人才培养与行业的发展，通过加强西南地区院校间的交流和与港澳台地区及国外院校设计教育的对话，不断提出问题、思考问题、解决问题、促进发展。

中建杯'5+2'环境艺术设计大赛

# 活 动 介 绍

THE 5+2 ENVIRONMENTAL ART DESIGN CONTEST OF THE CUP OF
CHINA INSTITUTE OF ARCHITECTURAL DECORATION AND DESIGN
## INTRODUCTION OF ACTIVITIES

由中建装饰设计研究院有限公司赞助并与四川美术学院联合发起举办"中建杯'5+2'环境艺术设计大赛暨学术论坛"(下简称赛事暨论坛),以西南地区四省一市(四川、云南、贵州、广西、重庆)的高校环境艺术与建筑设计专业在校学生为主体,联系港、澳、台和国外高校相关专业学生,对"再生"主题展开设计。设计范围从建筑、景观到室内,各地的同学们带来了对"再生"概念不同的诠释、不同的设计立场和问题指向、不同的解决方案以及不同的表达语言。在2012年9月23日的评审后,初评专家挑选出了具有代表性和创新性的优秀作品,作品汇编成册并于10月21日至31日在四川美术学院黄桷坪校区重庆市美术馆举办优秀作品展览,由国内外环境艺术设计领域的专家组成终评评委评出本届大赛的金奖、银奖、铜奖、优秀奖等。10月21日举办大赛颁奖仪式及学术交流论坛。

大赛主要立足于西南本土,强调区域化共性特征,即相连的地理关系、相关的地缘人文、相似的地域文化现象,相同的现代经济、科技、文化发展水平。在倡导设计服务于社会、服务于地方经济发展的同时,思考设计教育所面对的共同问题,进一步挖掘、利用丰富的历史人文、地理资源,并携带这些财富置身于当代社会生活环境之中,放眼于国际发展潮流,探索先进的设计理念与方法。

# 1 赛事暨论坛流程介绍
EVENTS AND FORUM INTRODUCTION TO THE PROCESS

2011年10月至2012年3月为筹备阶段，主要进行大赛相关项目的策划、相关支持单位的联络以及赛事推广方案策划和视觉形象设计等工作。

2012年4月至2012年5月为推广阶段，包括大赛新闻发布、网络媒体推广以及校园推广等宣传工作。

2012年6月1日至2012年9月20日为征稿阶段，以院校组织参赛作品或学生个人报名两种方式进行大赛投稿。

2012年9月23日为大赛初评日，10月20日为终评日，大赛评委由赛事组委会聘请国内外专家组成。

2012年10月21日举行大赛学术论坛暨颁奖典礼，包括大赛的颁奖典礼、大赛主题设计展览开幕以及设计学术论坛（高端论坛和教育论坛）等活动。

其后还有大赛的后期成果推广，将出版此次大赛的优秀作品集，以及组织优秀人才到企业实习实践活动等。

# 2 赛事暨论坛组织单位
EVENTS AND FORUM ORGANIZATIONAL UNIT

**主办单位** | 重庆市城乡建设委员会、重庆市教育委员会、中国建筑装饰协会设计委员会、四川美术学院、中建装饰设计研究院有限公司

**承办单位** | 四川美术学院设计艺术学院、中建装饰设计研究院有限公司西南分院

**协办单位** | 四川大学、云南艺术学院、广西艺术学院、台湾辅仁大学、日本名古屋工业大学

**支持单位** | 四川音乐学院、西南交通大学、四川师范大学、四川理工学院成都美术学院、西南民族大学、成都大学、四川艺术职业学院、四川大学锦江学院、云南艺术学院、昆明理工大学、云南大学、云南师范大学、云南民族大学、西南林业大学、云南艺术学院文化学院、云南文化职业艺术学院、云南师范大学文理学院、昆明冶金高等专科学校、玉溪师范学院、曲靖师范学院、广西大学、广西艺术学院、广西师范大学、广西幼儿师范学院、广西工学院、广西民族大学、广西建设职业技术学院、南宁职业技术学院广西演艺职业学院、重庆大学、西南大学、重庆师范大学、重庆交通大学、重庆工商大学、重庆科技学院、重庆文理学院、重庆教育学院、重庆电子工程职业学院、重庆工商职业学院、重庆南方翻译学院、重庆航天职业技术学院、四川商务职业学院

**媒体支持** | 重庆电视台、重庆晨报、景观中国、中华民居、中国建筑装饰装修

# 3 赛事暨论坛组织人员
EVENTS AND FORUM ORGANIZATION PERSONNEL

## 1｜顾问委员会（按姓氏拼音排序）

冯冠超（台湾辅仁大学 教授）

罗中立（四川美术学院院长 教授）

MANNEL VALENTIN（法国图卢兹 教授）

若山滋（日本名古屋工业大学 教授）

田德昌（中国建筑装饰协会设计委员会 秘书长）

郑曙旸（清华大学美术学院 教授）

## 2｜评审委员会（按姓氏拼音排序）

主　任｜郝大鹏（四川美术学院副院长 教授）

成　员｜蔡　孟（中建装饰设计研究院照明分院 院长）

陈劲松（云南艺术学院设计学院院长 教授）

陈建国（广西艺术学院建筑艺术学院园林景观系主任　副教授）

常志刚（中央美术学院建筑学院副院长　教授）

冯冬梅（中建装饰设计研究院　副院长）

冯冠超（台湾辅仁大学 教授）

胡亚茹（中建装饰设计研究院　副院长）

黄文宪（广西艺术学院建筑艺术学院院长 教授）

刘　伟（苏州大学金螳螂建筑与城市环境学院室内设计系主任　教授）

龙国跃（四川美术学院设计艺术学院　环艺系主任）

潘召南（四川美术学院科研处处长 教授）

彭　军（天津美术学院设计艺术学院副院长 教授）

王　铁（中央美术学院建筑学院 教授）

万　征（四川大学艺术学院艺术设计系　副教授）

许　亮（四川美术学院设计艺术学院副院长 教授）

叶美秀（台湾辅仁大学 教授）

张宇峰（中建装饰设计研究院 院长）

赵建国（四川音乐学院成都美术学院环艺系主任 教授）

周炯炎（四川大学艺术学院环艺系主任 教授）

## 3｜组织委员会

主　任｜罗　力（四川美术学院设计艺术学院院长 教授）

副主任｜张宇峰（中建装饰设计研究院 院长）

潘召南（四川美术学院科研处处长 教授）

许　亮（四川美术学院设计艺术学副院长 教授）

韦　芳（四川美术学院设计艺术学院　副书记）

李相闽（中建装饰设计研究院　院长助理）

成　员｜苏永刚（四川美术学院设计艺术学院副院长 教授）

段胜峰（四川美术学院设计艺术学院副院长　教授）

龙国跃（四川美术学院设计艺术学院　环艺系主任）

韦爽真（四川美术学院设计艺术学院　环艺系副主任）

李　丁（中建装饰设计研究院西南分院　常务副院长）

杨　洋（四川美术学院设计艺术学院）

沈鸿雁（四川美术学院设计艺术学院）

杨丽娟（四川美术学院设计艺术学院）

穆　艳（四川美术学院设计艺术学院）

谭红梅（四川美术学院设计艺术学院）

陈　书（四川美术学院设计艺术学院）

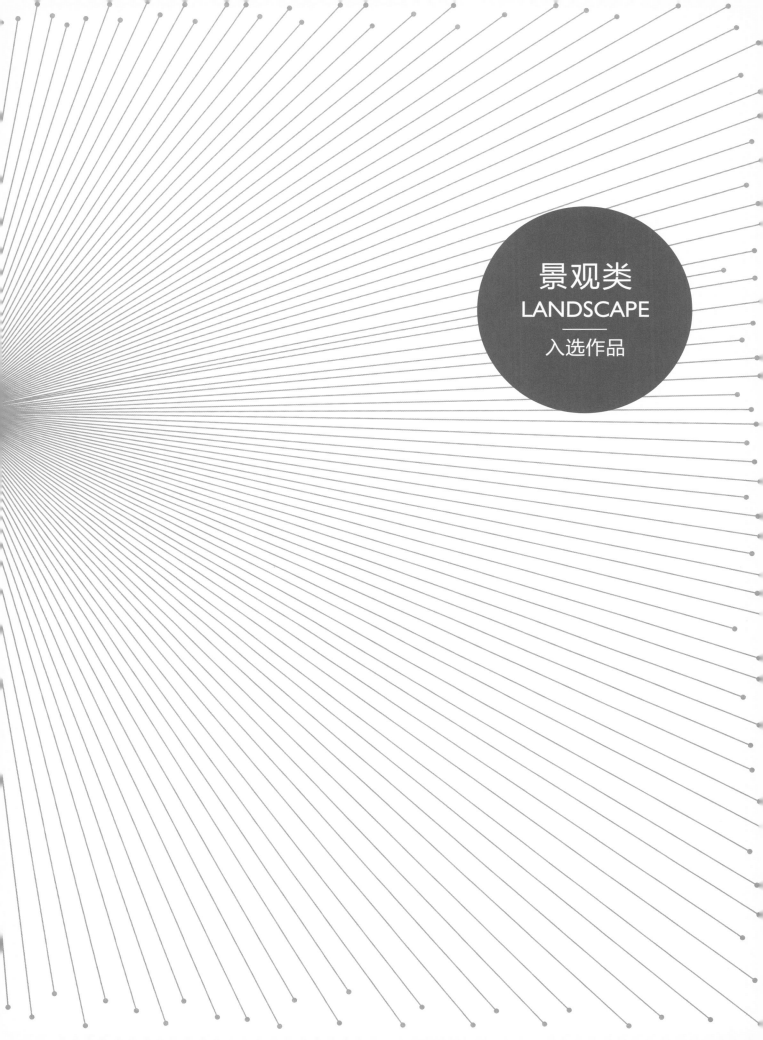

景观类
LANDSCAPE
——
入选作品

作品名称： 汇水·重生——重庆九龙坡发电厂湿地景观改造
设计作者： 路李霞
所在院校： 四川美术学院

作品名称： 地下三尺
设计作者： 杨悦
所在院校： 四川美术学院

作品名称： 都市盆景——重庆十八梯旧城改造
设计作者： 刘檬
所在院校： 四川美术学院

作品名称： 恢复·重生·延续
设计作者： 张韩伟
所在院校： 重庆大学艺术学院

作品名称： 交织在生命中——正生书院环境景观规划设计
设计作者： 杨知达 涂西军
所在院校： 云南大学

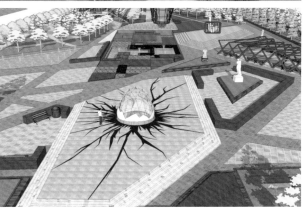

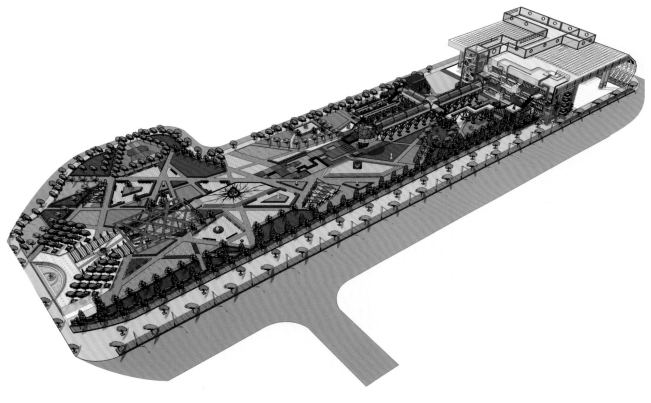

作品名称：　空间·建筑·艺术理念的再生——重庆文理学院美术学院建筑外立面改造与周边景观规划设计
设计作者：　昌敏　郑鑫
所在院校：　重庆文理学院

作品名称： 工业再生——香溪水岸
设计作者： 李擎　李程　李文浩
所在院校： 云南艺术学院

作品名称： 江南旧电厂生态艺术区
设计作者： 廖静
所在院校： 广西艺术学院

作品名称： 嘉陵江畔的灵动活力水岸——渔人湾海鲜城景观设计
设计作者： 杨惠
所在院校： 重庆工商大学

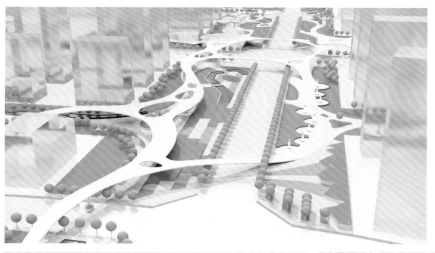
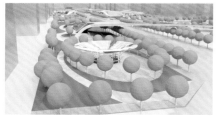

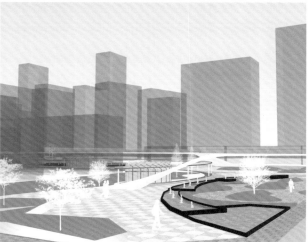

作品名称： 东村艺术大道
设计作者： 蒋春梅
所在院校： 四川大学锦江学院

作品名称：　城市慢行景观系统——废弃铁路改造
设计作者：　董璟　朱晶晶
所在院校：　四川美术学院

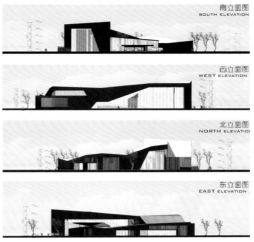

南立面图
SOUTH ELEVATION

西立面图
WEST ELEVATION

北立面图
NORTH ELEVATION

东立面图
EAST ELEVATION

作品名称： 复兴·重生·蜕变
设计作者： 朱文艳
所在院校： 重庆大学艺术学院

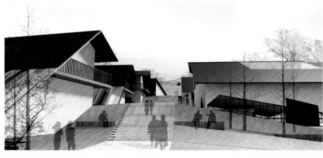

作品名称："郎"道——郎酒文化节景观设计
设计作者：郑林璐 陈松林
所在院校：四川美术学院

作品名称： 城市生态空间"进化论"
设计作者： 何伟　邓瑞
所在院校： 云南大学

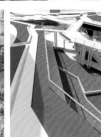

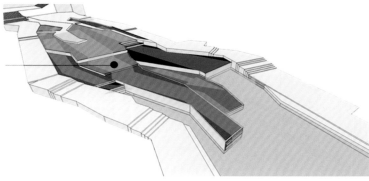

作品名称： 绿舟·绿洲——重庆三峡广场生态立体空间改造设计
设计作者： 王海涛
所在院校： 四川美术学院

作品名称： 林中漫步——生态度假山庄设计
设计作者： 华玉雪　薛凯文
所在院校： 四川美术学院

作品名称： 滇池西海岸生态康复园景观重生规划设计
设计作者： 杨灿　陈守道
所在院校： 云南大学

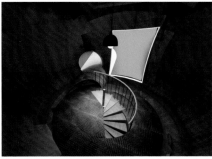

作品名称： 钢铁小世界——重钢展览馆
设计作者： 郑静
所在院校： 四川美术学院

作品名称： 博罗古国·文化大观园
设计作者： 高小鹏　王驰
所在院校： 四川大学

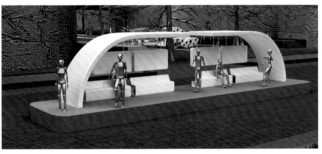

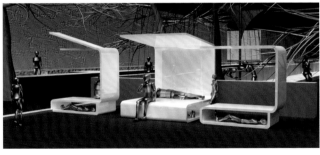

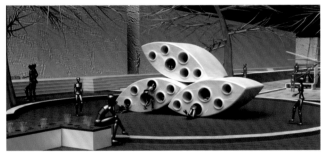

作品名称： 城市空间爱心工程设计
设计作者： 何骄阳
所在院校： 云南大学

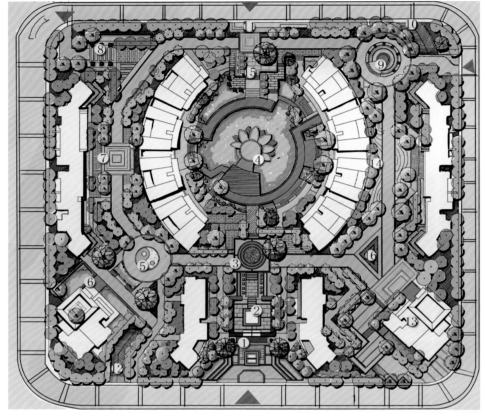
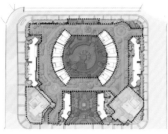

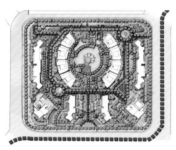

作品名称： 新荷莲院景观设计
设计作者： 刘波
所在院校： 四川理工学院成都美术学院

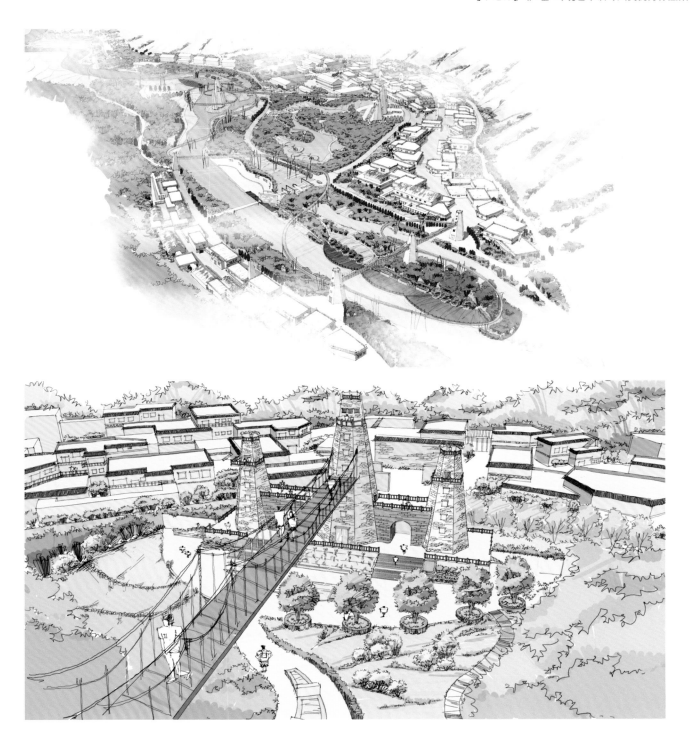

作品名称： 梦·西羌——卧龙镇新农村园林景观规划设计
设计作者： 王星楠
所在院校： 四川音乐学院成都美术学院

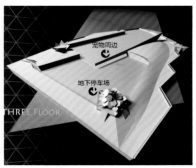

作品名称： 爱丽丝宠物公园设计 (上)
设计作者： 杨溢
所在院校： 四川大学锦江学院

作品名称： 聊城东昌湖湿地公园景观规划 (下)
设计作者： 赵月帅
所在院校： 西华大学

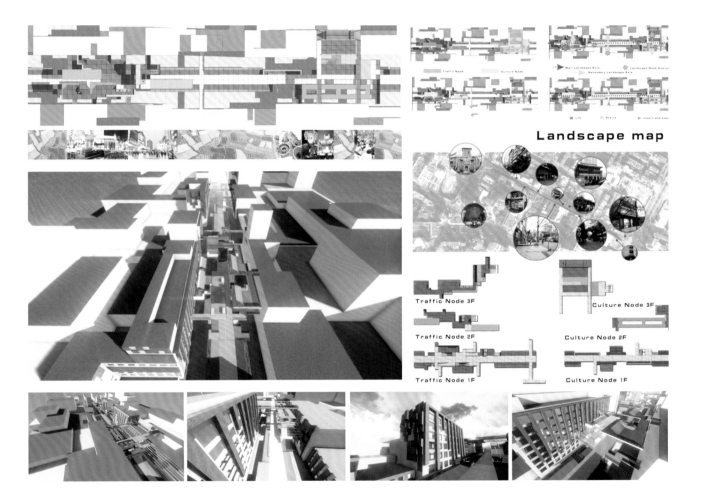

Landscape map

Traffic Node 3F

Traffic Node 2F

Traffic Node 1F

Culture Node 3F

Culture Node 2F

Culture Node 1F

作品名称： 城市涅槃
设计作者： 宋帅
所在院校： 成都大学

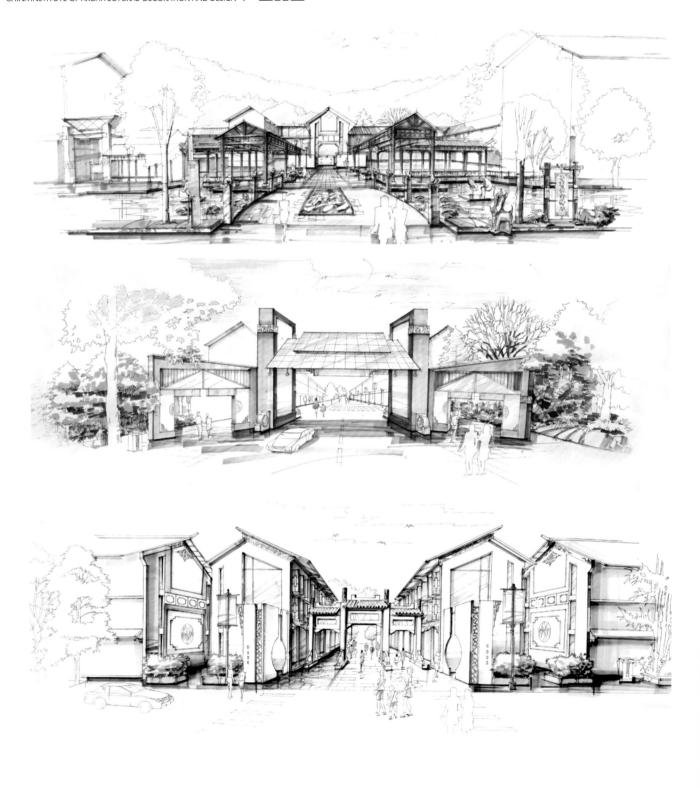

作品名称： 民族商业文化步行街——铸月街
设计作者： 韦开田　王菘又
所在院校： 云南艺术学院

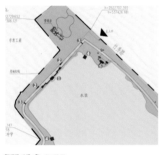

作品名称： 青秀湖文化长廊设计
设计作者： 陈罡
所在院校： 广西艺术学院

作品名称： 南宁市江南公园观赏游览区景观建筑设计
设计作者： 邢洪涛
所在院校： 广西艺术学院

作品名称： 宁波文化广场设计
设计作者： 裴蕾
所在院校： 四川大学锦江学院

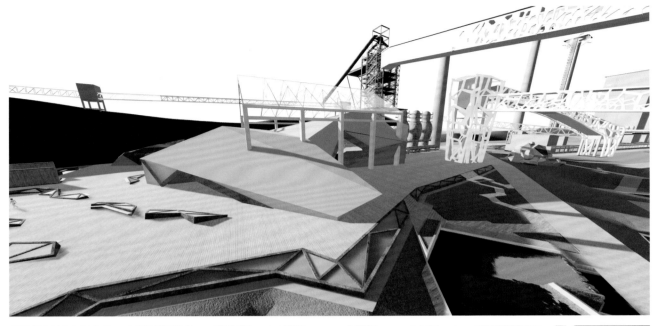

作品名称： 凝固的记忆——重钢主题展览馆
设计作者： 王洺
所在院校： 四川美术学院

作品名称：弄莫湖生态湿地公园民族商业街设计
设计作者：赵玉文　王伟等
所在院校：云南艺术学院

作品名称： 诺苏·大凉山非物质文化遗产街民族风貌设计
设计作者： 韩立铎　李文斌等
所在院校： 西南民族大学

作品名称： 千年黄葛韵——黄葛古道景观修复设计
设计作者： 安晓华
所在院校： 重庆工商大学

作品名称： 潜藏的魅力——下沉式广场
设计作者： 蒋凡
所在院校： 四川大学锦江学院

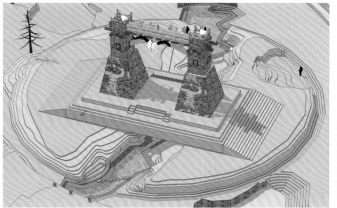

作品名称： 羌魂——汶川民族文化广场概念设计
设计作者： 秦训英
所在院校： 西华大学

作品名称：  湿地与丰产景观设计发现与再发现——五桥溪龙王潭河段景观设计
设计作者：  王璐
所在院校：  重庆工商大学

作品名称： 时代.烙印——重钢工业遗址公园景观再生设计

设计作者： 王程陈　鲍成成

所在院校： 重庆文理学院

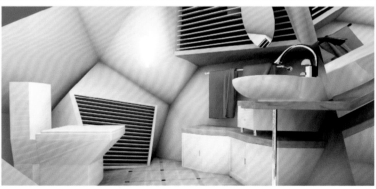

作品名称： 树栖生活
设计作者： 蒋雨彤
所在院校： 四川美术学院

作品名称： 双拥广场

设计作者： 但婷　王童　王玲等

所在院校： 四川美术学院

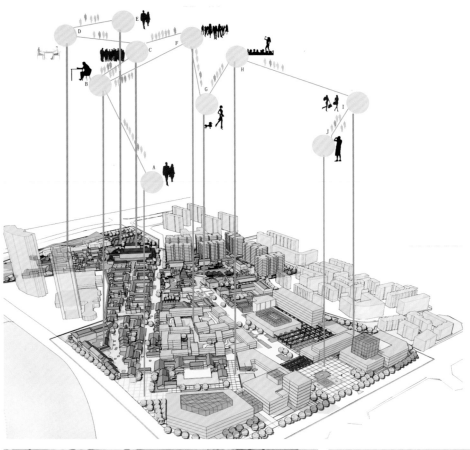

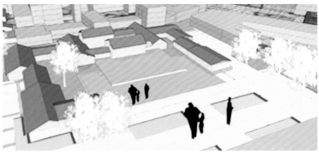

作品名称： 水·井·坊
设计作者： 匡霞　刘清香
所在院校： 西南民族大学

码头效果图

对于围绕水域设计的三月三滨水主题公园,码头设计是最为重要的它不仅为未来的服务发展
提供了相应的娱乐设施,更是三月三主题公园的第一形象展现.我们以近乎中国园林的静幽基调,带给人们一种新的感受.

作品名称: 梦·游——新乡土人文体验园(上)

设计作者: 杨潇 金濡欣

所在院校: 四川大学

作品名称: 水上码头设计(下)

设计作者: 付丙雷 赵崇富 刘凯拓等

所在院校: 云南艺术学院

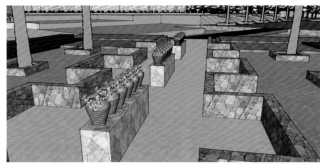

作品名称： 天城国际高端居住区景观规划概念设计
设计作者： 刘尚昆
所在院校： 四川大学锦江学院

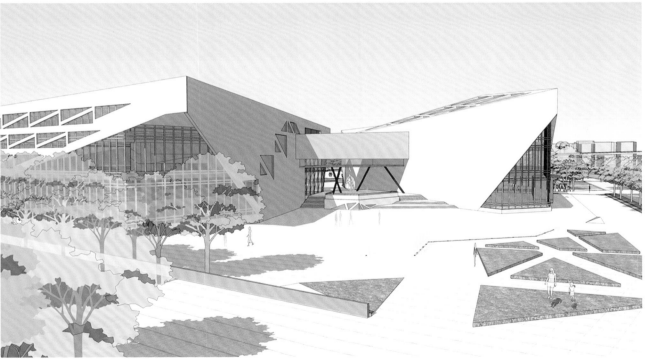

作品名称： 蜕变
设计作者： 杜吾星
所在院校： 重庆大学艺术学院

作品名称： 瑞丽城市入口形象设计
设计作者： 赵玉文　王伟等
所在院校： 云南艺术学院

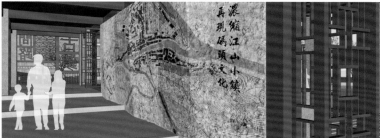

作品名称： 五凤溪西入口旅游集散中心——环境空间设计
设计作者： 叶汀桂
所在院校： 四川大学锦江学院

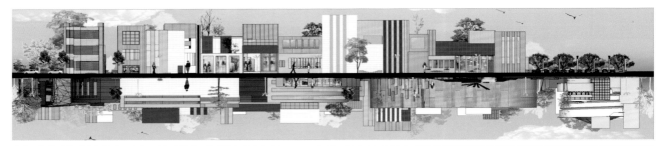

作品名称： 维迩小区旧城改造
设计作者： 廖桂英
所在院校： 四川音乐学院成都美术学院

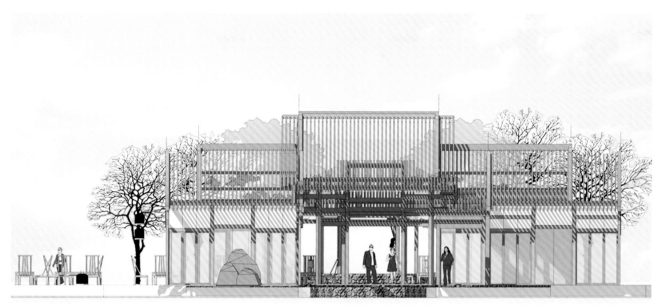

作品名称： 坝调街——老成都生活的现代演绎
设计作者： 金濡欣
所在院校： 四川大学

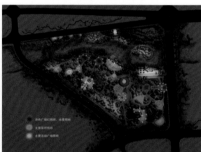

作品名称： 西堤湾休闲公园景观规划设计
设计作者： 杨如如
所在院校： 西华大学

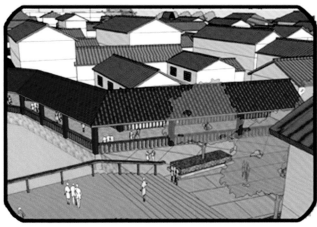
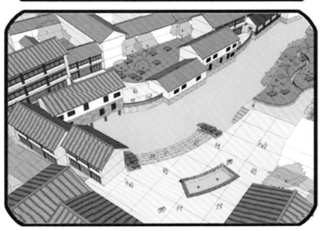

作品名称： 隙·古今

设计作者： 牛彦合　李玉璋

所在院校： 西南民族大学

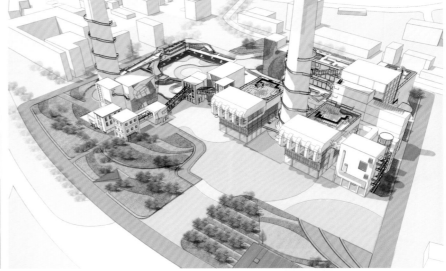

作品名称： 行走间的时尚——重庆市黄桷坪电厂改造
设计作者： 潘颖
所在院校： 四川美术学院

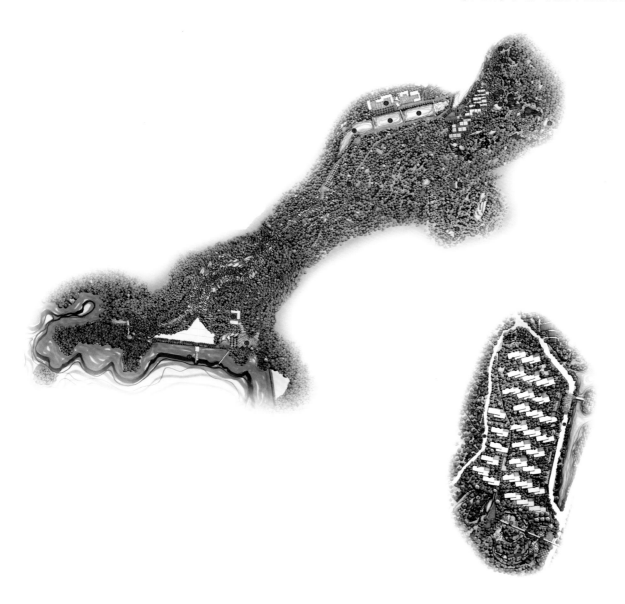

作品名称： 休闲生态村规划
设计作者： 周青青
所在院校： 西南林业大学

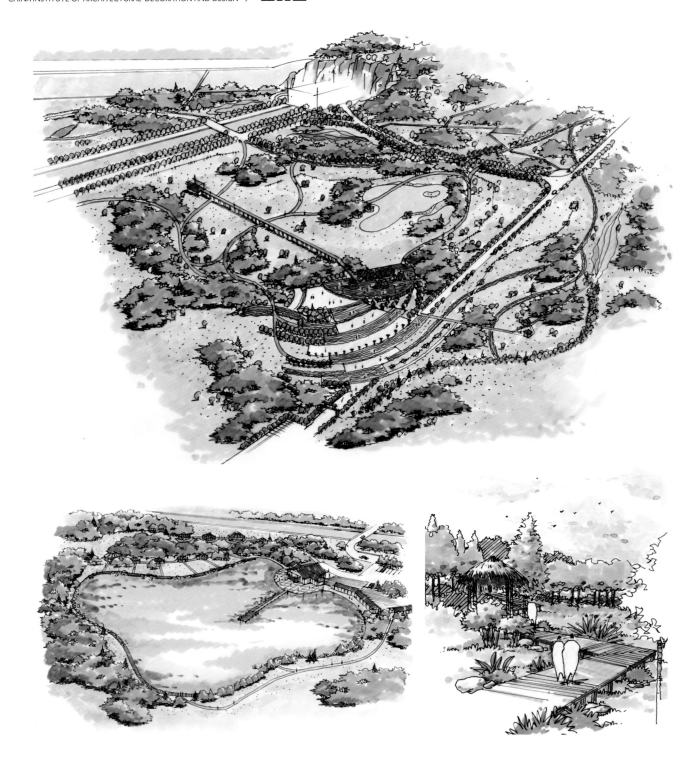

作品名称： 野中带幽——内蒙古红花尔基水利枢纽景区景观规划设计
设计作者： 张诗艳
所在院校： 四川师范大学文理学院

作品名称： 云南安宁"金色螳川"旅游景区改造
设计作者： 杨家磊　韦航　张晋等
所在院校： 云南大学

作品名称： 重构生命体——重庆钢铁厂改造
设计作者： 莎日娜  黄婷玉  杜欣波
所在院校： 四川美术学院

作品名称： 最后的穴居部落——贵州中洞苗寨整体规划与石墨化修复
设计作者： 赵翼飞
所在院校： 四川美术学院

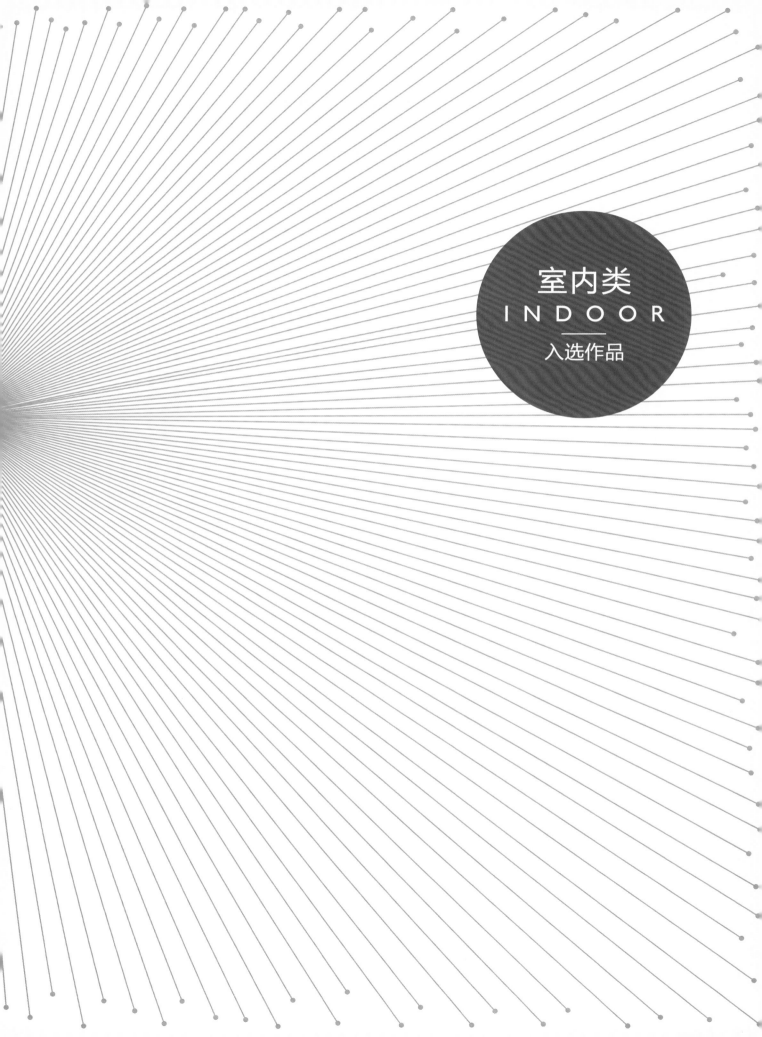

室内类
INDOOR
——
入选作品

作品名称： "青花瓷"概念店室内设计
设计作者： 郭宗泉
所在院校： 西南交通大学

古筝表演台效果图

三进院主要是较为封闭式的品茗斋区、厨房、茶艺区。其中茶艺区采用了太极符号。

三进院模型效果图

对于本案的效果图表现方式,为了更加形象的体现整个空间的结构形式,采用了概念性的模型表达方式和3D效果图表达方式。该图是利用草图大师建的模型,整个空间结构形式将传统建筑院落式引进室内,分为一进院、二进院、三进院三大空间。每个功能空间以色块的形式来表达不同功能区域,让人可

卡座区效果图

入口大厅过道效果图

三进院主要是较为封闭式的品茗斋区、厨房、茶艺区。其中茶艺区采用了太极符号。

二进院模型效果图

一进院重点在于入口大厅的水景幕墙,它不仅能给顾客留下一定的视觉效果,并且在风水上起到遮挡的作用。

一进院模型效果图

空间模型效果图

入口大厅水景幕墙效果图

作品名称: 盖碗茶——思茗轩茶艺馆设计
设计作者: 王春
所在院校: 成都大学

室内类 INDOOR

作品名称： 和

设计作者： 杨福晓

所在院校： 广西艺术学院

作品名称： 九龙山李氏家族旧宅改建
设计作者： 李智
所在院校： 成都大学

作品名称： 容花之器——KENZO服装店概念设计

设计作者： 魏华  王晓辰

所在院校： 四川大学

作品名称： 生态田园餐厅空间设计
设计作者： 陈朝霞
所在院校： 成都大学

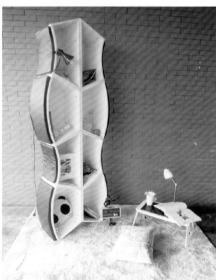

作品名称： 8的N次方等于 ∞
设计作者： 郭洁
所在院校： 四川师范大学美术学院

作品名称： CK服装店设计

设计作者： 孟建 魏育鹏

所在院校： 四川大学

作品名称： LOFT CLUB
设计作者： 石京蕙
所在院校： 四川音乐学院成都美术学院

作品名称： NES特色餐厅方案设计
设计作者： 张永翼
所在院校： 西南交通大学

作品名称： TRY-ANGLE室内设计工作室
设计作者： 蒲钊汶
所在院校： 四川音乐学院成都美术学院

作品名称： 插画博物馆设计
设计作者： 欧守祥
所在院校： 四川音乐学院成都美术学院

作品名称： 餐饮空间设计
设计作者： 张艺瀛
所在院校： 玉溪师范学院

作品名称： 春宴
设计作者： 张华
所在院校： 云南大学

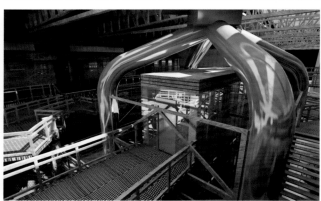

作品名称： 钢魂——时光潆韵会所设计
设计作者： 党鑫
所在院校： 四川美术学院

作品名称： 古玩字画收藏所设计
设计作者： 李倩
所在院校： 重庆工商大学

作品名称： 合掌人生——佛教清修小型会所
设计作者： 周诣维
所在院校： 四川理工学院成都美术学院

作品名称： 黑白灰
设计作者： 李士君
所在院校： 玉溪师范学院

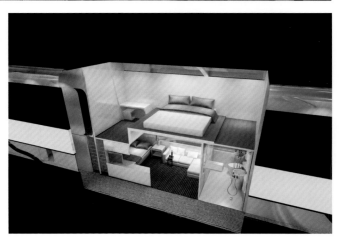

作品名称： 绿游·动力——列车内部包厢设计
设计作者： 雷艳　胡飞
所在院校： 四川美术学院

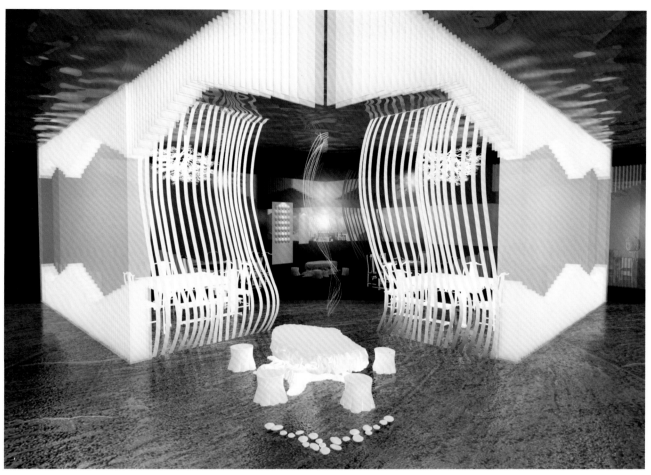

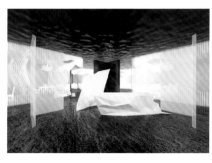

作品名称： 镜花水月之茶馆
设计作者： 陈芳
所在院校： 广西艺术学院

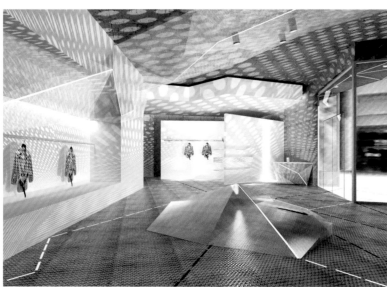

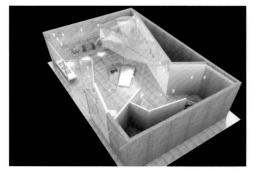

作品名称： 可变的皮肤——服装店空间设计
设计作者： 潘柳花
所在院校： 广西艺术学院

作品名称： 昆明旧橡胶厂厂房改造
设计作者： 李叶飞
所在院校： 昆明理工大学

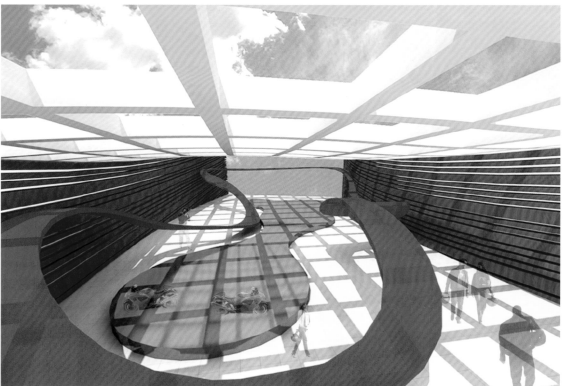

作品名称： 速度与激情——HONDA摩托车俱乐部设计
设计作者： 李世海
所在院校： 四川美术学院

作品名称： 废品再生——创意家具
设计作者： 李依琳 周瑜 何文瑞
所在院校： 云南艺术学院

作品名称： 栖息
设计作者： 黎子
所在院校： 广西艺术学院

作品名称： 丽江纳西民居酒店
设计作者： 张艺瀛
所在院校： 玉溪师范学院

作品名称： 洛克罗土豆特色餐厅室内设计
设计作者： 白筠筠
所在院校： 云南大学

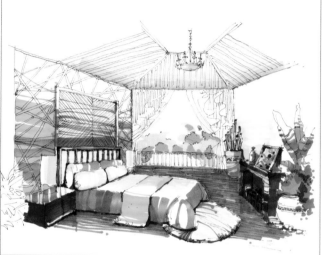

作品名称： 浓林竹语
设计作者： 聂涵
所在院校： 玉溪师范学院

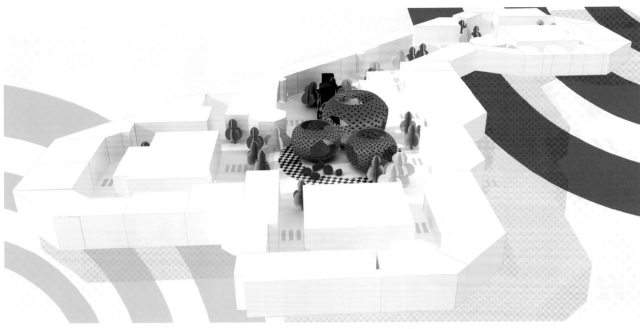

作品名称： 奇幻工坊儿童职业体验乐园
设计作者： 班楚薇
所在院校： 广西艺术学院

作品名称： 青稞地藏族手工艺品工作室设计
设计作者： 余玉萍
所在院校： 云南大学

作品名称： 青云明珠潘先生雅居
设计作者： 王之怡
所在院校： 广西艺术学院

室内类 | INDOOR

作品名称： 情有独钟
设计作者： 黄瑞辉
所在院校： 广西艺术学院

作品名称： 蓉城符妈火锅餐厅设计
设计作者： 田家亮
所在院校： 西南交通大学

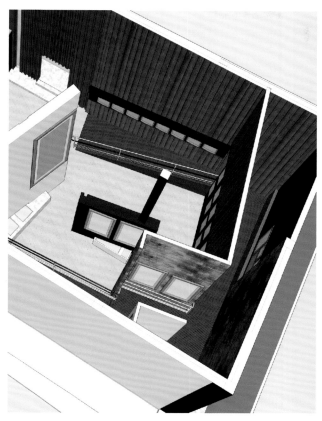

作品名称： 三印·影像馆
设计作者： 付梦
所在院校： 四川音乐学院成都美术学院

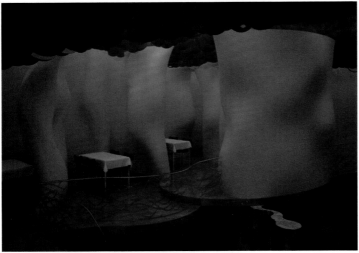

作品名称： 生命之梭——概念性居住空间设计
设计作者： 徐鑫凤
所在院校： 云南大学

作品名称：水母在书海漂浮之专业书店室内设计
设计作者：周婧雯
所在院校：西南交通大学

作品名称： 万物生
设计作者： 路慧洁
所在院校： 广西艺术学院

作品名称： 未来
设计作者： 林燕华
所在院校： 四川音乐学院成都美术学院

作品名称： 逝川
设计作者： 曹漓雯
所在院校： 广西艺术学院

室内类 | INDOOR

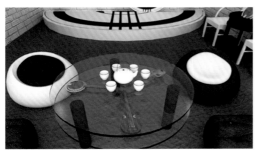

作品名称： 弦意
设计作者： 黄丽红
所在院校： 广西艺术学院

作品名称： 永子棋文化博物馆建筑及室内设计
设计作者： 刘丽娇　刘雨
所在院校： 云南大学

作品名称： 忆·三国

设计作者： 黄跃盼

所在院校： 广西工学院

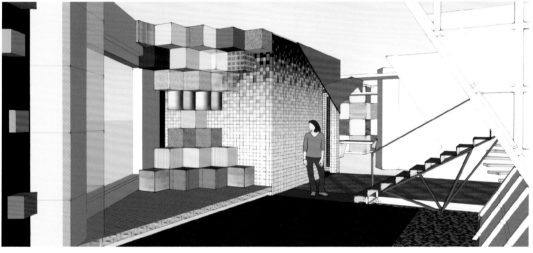

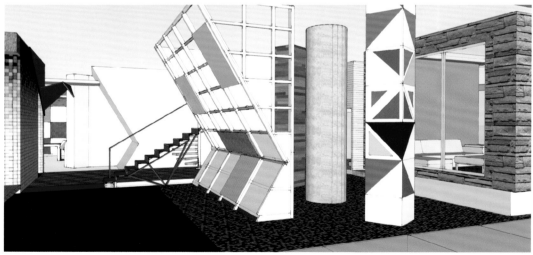

作品名称： 装饰工程实践基地构想
设计作者： 陈卓
所在院校： 四川音乐学院成都美术学院

室内类 INDOOR

作品名称： 云之梦——静雅度假酒店
设计作者： 陈娅丽
所在院校： 昆明理工大学

作品名称： 行乐园——流浪儿童中转站方案设计
设计作者： 齐春雪
所在院校： 云南大学

鸟瞰图

作品名称： 新围城——天府广场美术馆设计
设计作者： 蔡曼姝
所在院校： 四川大学

作品名称： 新古典西式休闲餐厅设计
设计作者： 傅嘉敏
所在院校： 西南交通大学

作品名称： 心径餐厅室内设计之自然元素在空间设计中的运用与表现
设计作者： 邓浩雨
所在院校： 西南交通大学

作品名称： 火之冢——滇西抗战纪念馆建筑及室内设计
设计作者： 王炎 张星
所在院校： 云南大学

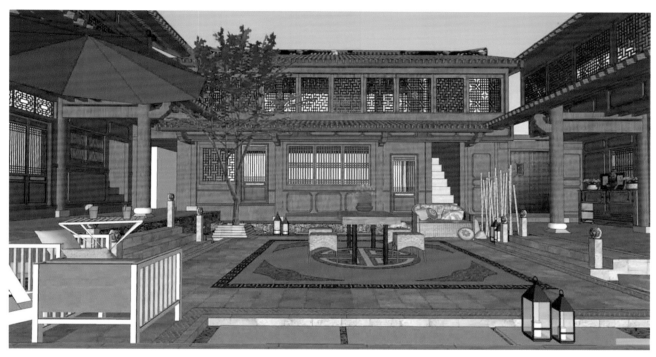

作品名称： 丽江花间堂高级私人客栈装饰设计（上）

设计作者： 魏连德

所在院校： 重庆工商大学

作品名称： 伴蝶寻芳踪——私人客栈设计（下）

设计作者： 马煜

所在院校： 重庆工商大学

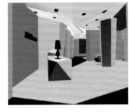

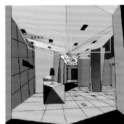

作品名称： 空间析意
设计作者： 姜巍庆
所在院校： 四川师范大学美术学院

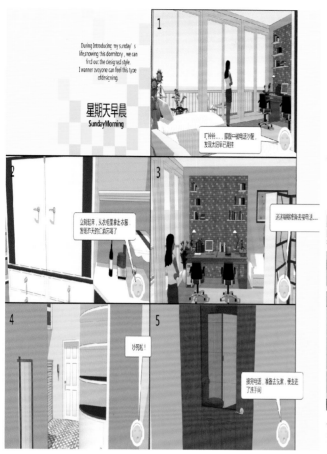

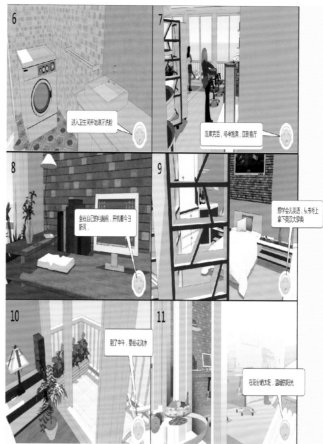

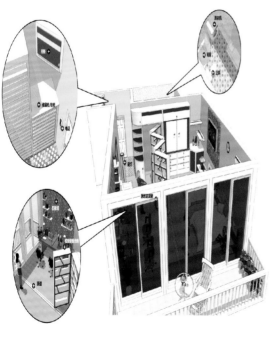

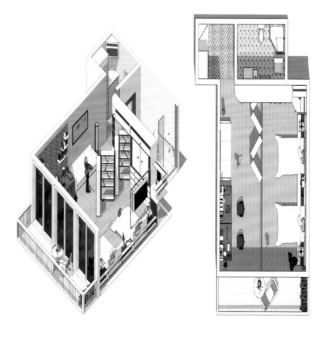

作品名称： 寝室改造与空间再生
设计作者： 郑如华
所在院校： 广西师范大学设计学院

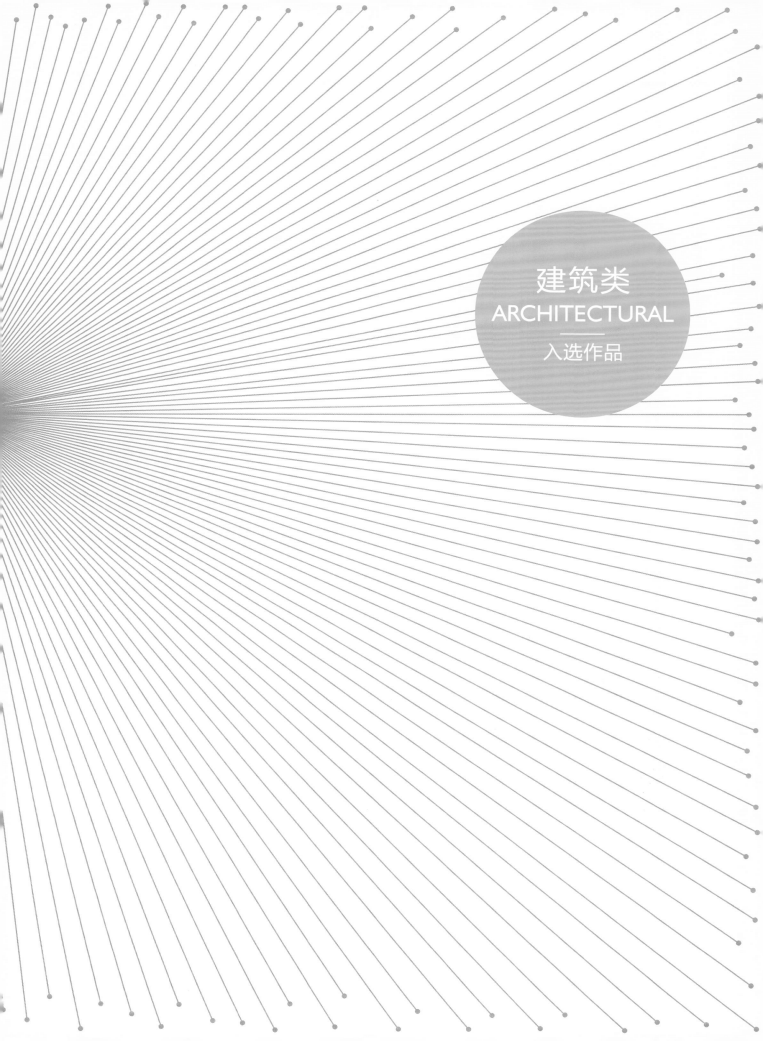

建筑类
ARCHITECTURAL
——
入选作品

(a)Sea water flow-pipe and
Desalination Steam Centre

(a) High way

(b) Old Dam

(v)Salt space for salt
crystallization and Spa

(A)Water Factory

Brine output to salt storage
and salt plant

Sweet Water Storage

Sweet Water Pump Out

Tidal Water Pump In

Contouring the volume

Brine Output

Brine Tank I

Brine Tank II

(D)Steam room /spa

brine output from heat
for steam spa

(E)Old dam way Usage

(i)The entrance for visitors

(ii)Links with Water Factory
sweet water pump out

Slices Construction

G.L electric supply

B1 electric supply

B2 electric supply

B3 electric supply

Pump in Slices Body

10m

5m

0m

-5m

-10m

(B)High Way Usage

(i)The Main Brainch of wire and
cable stored in the high way
body in order to prevent
corrosion by brine

(ii)Function as "opening" for
tidao water pump in

(C)Salt Theraphy Spa(ce)

(i) Act as health care centre

living.

在这個21世纪的时代,绿色/永續考量在建築部分
讓了解貪富考量置此处,利用了現今新興過(漂浮
太陽能的太陽能板)降於海水淡化水質,以及淡
水自主系统,此外,也在建築锚上增附加了如何
林保護系統,以便保護已经豐有的紅树及水環

海水淡化系统

(B)Desalination Seawater System

-Sweet Water generated to Changsong Water
Reservoir which water lack

盐水利用系统

(C)Brine Utility System

-Reusing the output brine /brine utility

地景系统

(D)Landscape System

-Temperature maintain for salt space
-Wave protection for dam
-inhabitable site for intertidal organisms

(i)Seawater Intake

(ii)Screening

(iii)Supportive system
(iv)Irrigation system

(iv)Filtration

(iv)Evaporator

Waste Product(I)
(i)Large Solids
(ii)Sand Crops Bacteria

Waste Product(I)
Brine output

(iv)Mechanism I
Temperature Reduction

(v)Mechanism II
Salt Crystallization

Waste Product(II)
Steam Water
Irrigation
for Mangrove

(v)Sweet Water
Outlet

(vi)Existing Water Reservoir
Storage

Waste Product(III)
(i)Sand Crops Bacteria

Maternity
of
Space

Program
of
Space

Time/pose
Scenario

(C)Brine Utility System

(B)Desalination Seawater System

(iv)Evaporator

(v)Sweet Water Storage

(vi)Sweet Water Outlet

(D)Landscape System

(A)Green Energy System

Floating Photovoltaic Panel/
Water Reservoir's Water Balance Device

(i)Filtration

(ii)Screening

(i)Seawater Intake

Waste Mud

Water Reservoir Waste Mud

Main Entrance

Lobby/Vertical Core

Reception Desk

4th FloorPlan

Walking center pathway

Brink Storage and offices

Shops and Restaurant

2nd,3rd FloorPlan

Parking Area

Sports apa Area

Cotton wall- cubhole pathway

Shotded soft- cubhole pathway

1st FloorPlan

B1 FloorPlan

Salt Spa Area

B2 FloorPlan

Salt Spa Area

B3 FloorPlan

Diving/Floating Spa Area

N

Scale 1/ 2000

作品名称: "盐变"中的治疗空间

设计作者: 沈嘉明

所在院校: 台湾辅仁大学

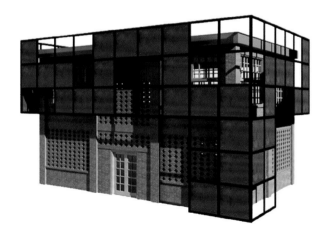

作品名称： 交响
设计作者： 杨玉婷　丁慧　胡晨
所在院校： 昆明理工大学

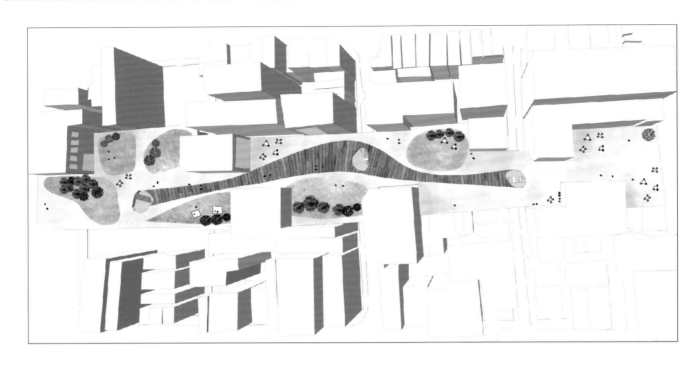

ARCHITECTURAL

## The Life with Filtration

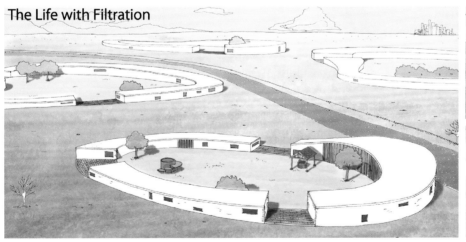

作品名称： MSG STREET (上)
设计作者： 飯田ひろみ
所在院校： 名古屋工业大学

作品名称： THE LIFE WITH FILTRATION (下)
设计作者： 浅倉和真
所在院校： 名古屋工业大学

## DIAGRAM 01

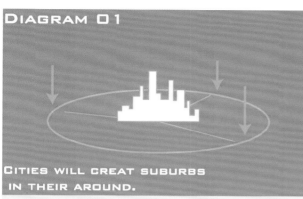

CITIES WILL CREAT SUBURBS
IN THEIR AROUND.

## DIAGRAM 02

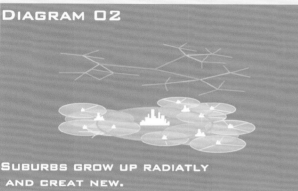

SUBURBS GROW UP RADIATLY
AND CREAT NEW.

## DIAGRAM 03

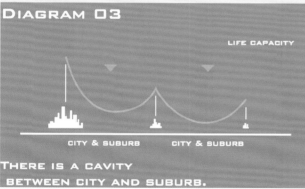

THERE IS A CAVITY
BETWEEN CITY AND SUBURB.

## DIAGRAM 08

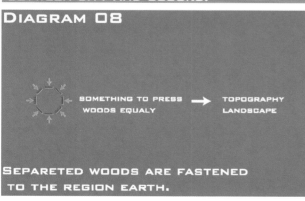

SEPARETED WOODS ARE FASTENED
TO THE REGION EARTH.

## DIAGRAM 10

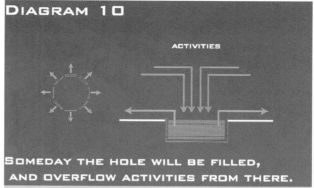

SOMEDAY THE HOLE WILL BE FILLED,
AND OVERFLOW ACTIVITIES FROM THERE.

## DIAGRAM 11

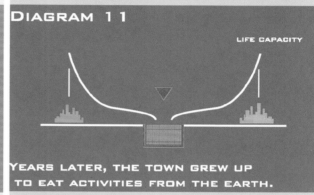

YEARS LATER, THE TOWN GREW UP
TO EAT ACTIVITIES FROM THE EARTH.

## DIAGRAM 12

THIS MUSEUM WILL RECIEVES
PEOPLE FROM ALL AROUND.

## DIAGRAM 05

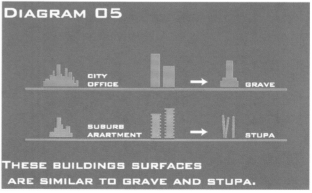

THESE BUILDINGS SURFACES
ARE SIMILAR TO GRAVE AND STUPA.

建筑类 ARCHITECTURAL

作品名称： EARTH-EATER
设计作者： 石原昌紀
所在院校： 名古屋工业大学

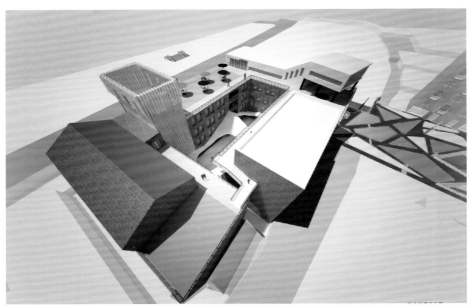

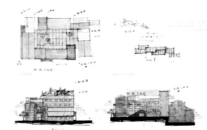

作品名称： 凹凸——国泰电影院片区旧城改造
设计作者： 杜倩　夏爽　石伟
所在院校： 四川美术学院

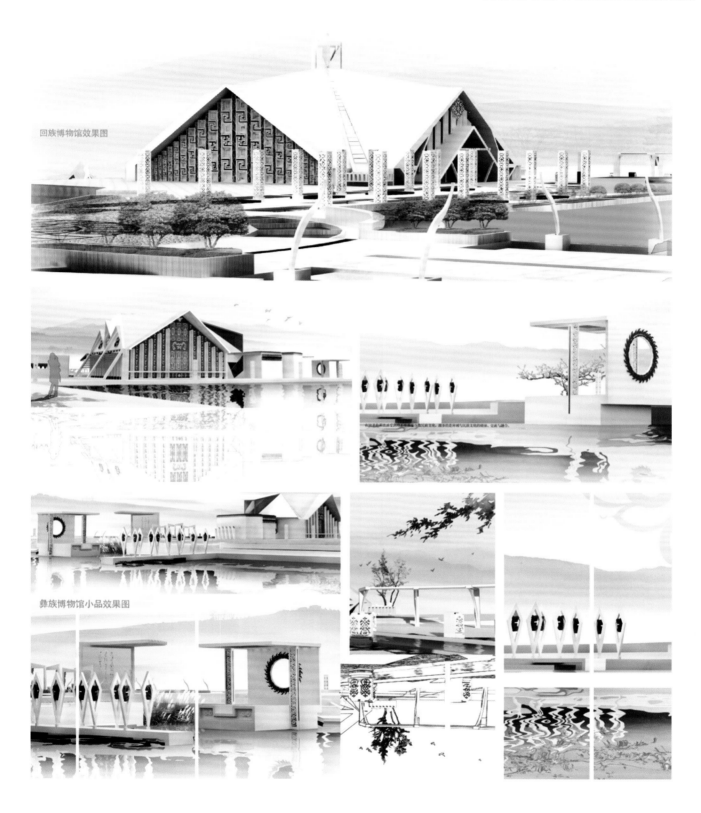

回族博物馆效果图

彝族博物馆小品效果图

建筑类
ARCHITECTURAL

作品名称： 博物馆设计
设计作者： 付丙雷　赵崇富　刘凯拓等
所在院校： 云南艺术学院

"拉普达"源于"天空之城"寓意"天堂",是草地下的世外桃源。

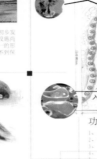

■ 现状分析：根据实地调研情况分析，目前寻甸旅游开发商属于初步发展阶段，近年来随着游客数量的不断增多，应运而生的旅游接待设施尚属于周边老百姓自发阻拦和建造的场所，谈不上条件，更缺乏统一的形象和较好的服务能力，旅游接待能力和设施相对薄弱，安全也得不到保障，甚至对周边自然环境造成了破坏。

功能分区分析

1、接待区：咨询处，休息厅，自助信息交流平台。
2、管理区：该区域包含行李服站，安全检查等项目。
3、餐饮中心区：该区域包含商店，快餐厅，餐厅，烧烤区。
4、户外活动区：该区域具有氧气优美的环境，视点和留览多植。
5、度假别墅区：该区域安静，不受噪声的影响，建在视野开阔的风景优美区。
6、儿童游乐区：区区域建在餐饮中心区内，小孩子生性好动，在这里玩饭可以让大人放心吃东西的同时，小孩儿们也有娱乐项目。

设计构思及图纸：

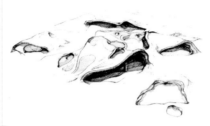

设计目标：

一：将建筑跟科技，环保，天文，自然，为一体，实现大自然的内生。

二：使有疲的人们在这里卸下防备，放下压力，脱下鞋子将每天最辛苦的"脚"释放在软绵绵的草上，走石戏水跑者跑者。自由自在与小草一起律动，在草原上最美丽的问候是风。连下谷底草面前都使你显它的高大壮烈，何况是人呢，让小孩子在这里贴近大自然，体会大自然带给他们的乐趣。就老人在这里悠悠自在，怡然自得。

三：突出云南地区草场的与众不同。

室内布置效果图

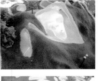

段落通过"心灵与自然相结合，才能产生智慧，才能产生思象力""风吹草低见牛羊"的情景从我们的设计里再起。

■ 我们的建筑是融于大自然的，而室内陈设是融于建筑的。含有为了让这亚的室内空间不再格格于自然界中的溶剂。自然的灵动体让心动，一个个小空间代表一个个小自然，互相融和成一个大自然。

作品名称： 草地下的"拉普达"
设计作者： 张晓亚 吴倩倩等
所在院校： 云南艺术学院

作品名称： 城市的记忆——美术馆设计
设计作者： 张碧辉
所在院校： 广西民族大学

前期分析

场地现状

现状建筑高度图

现状建筑结构图

现状场地肌理图

高差大，品质低，私密空间少。

宾馆接待区
建筑方案设计

设计主题

用作为节点空间的古黄桷树与合院相结合，
打造具有巫溪地域性的高级宾馆。

整体规划

单体设计

建筑区位　　一层平面图　　二层平面图

客房平面户型图　　三层平面图　　屋顶平面图

交通流线图　　建筑分层示意图

设计说明

建筑顺应地形，与山体、植被形成有机整体，总平面呈"回"字型布局，形成外廊式建筑，中间形成以黄桷树为主体的336㎡的景观中庭，布局方式使建筑内外空间相互联系又互不干扰，建筑通过退台的方式形成景观平台，增大景观面，丰富立面层次。

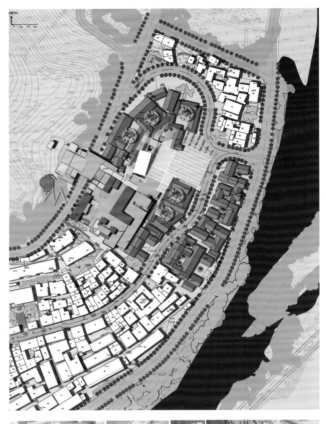

作品名称： 传统水街——现代性转变
设计作者： 母丹
所在院校： 四川美术学院

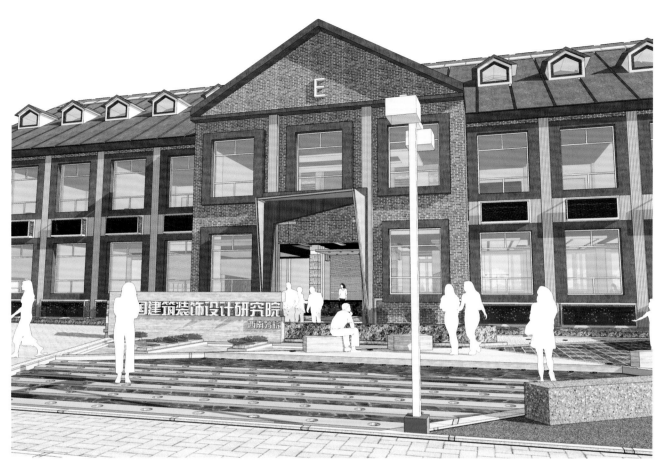

作品名称： 艺术码头的创意仓库
设计作者： 黄一鸿　吴一嫦
所在院校： 四川美术学院

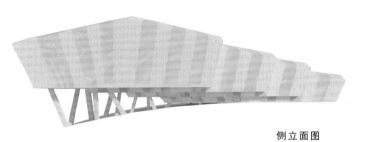

侧立面图

剖面图

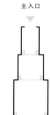

正立面图

主入口

平面上采用蜉蝣的身体
结构特征，运用尺度逐渐变
大的手法，将横向空间与竖
向空间做出细节上的变化，
丰富空间形式，也活跃了空
间氛围。

## 材质分析

建筑材料选用木材与塑
料。木材是山地里最为常见
的材料，而塑料也是保温效
果较好的建筑材料，将二者
结合使用，不仅在取材上较
为便捷，也达到了冬季里雪
山保温效果，提供了良好的
休息环境。

平面图

将木材与塑料交替使用在外
墙上，不仅在室内产生较好
光影效果，也在建筑立面上
产生虚实对比的立面效果。

作品名称：　脆弱的庇护所——蜉蝣
设计作者：　王玉婷
所在院校：　西南民族大学

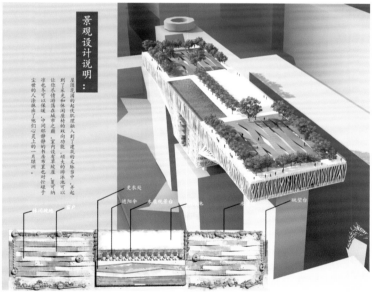

景观设计说明：

屋顶花园的起伏肌理融入到了建筑的文脉等中，并起到了未光和休闲座椅的双向功能，硕大的泳池可以让你尽情游荡在城市之巅。室内设有景观屋，复习可纳，中间所静的书香布置起时忙碌子，凉也冬可以保暖，让世的人涂抹出了他们心灵上的一片绿洲。

作品名称： 高层建筑聚集区——空中花园
设计作者： 王宽
所在院校： 重庆工商大学

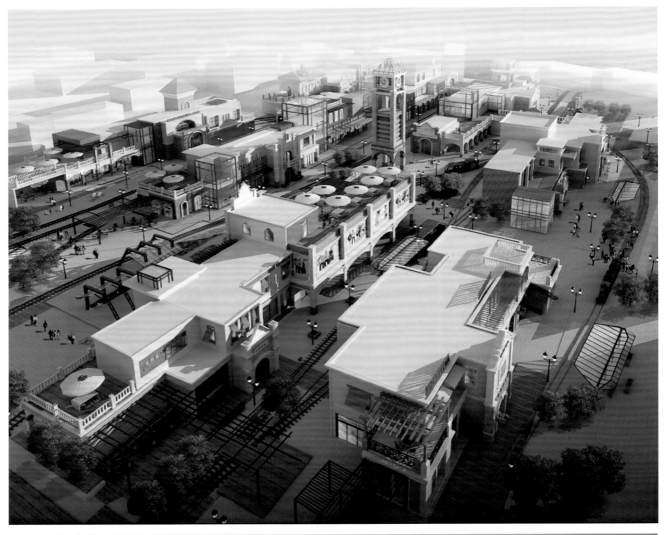

作品名称： 工业再生——时光印记民族商业街设计
设计作者： 陈小龙　李程等
所在院校： 云南艺术学院

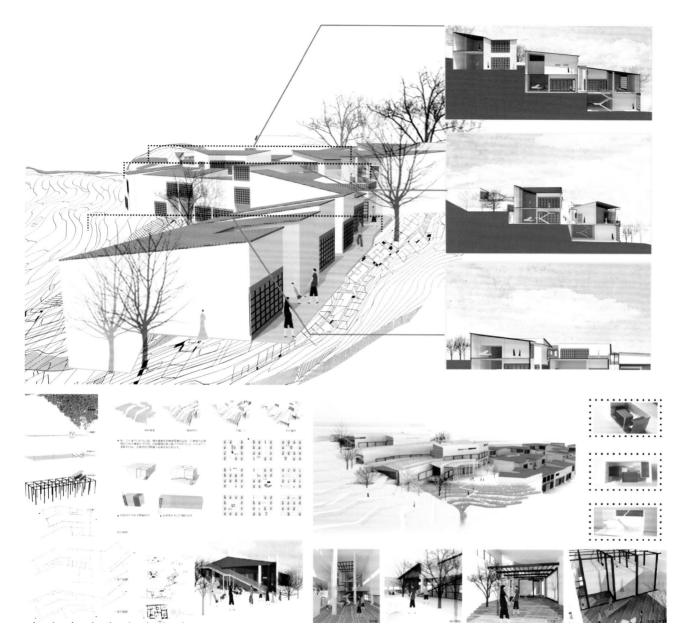

作品名称： 古剑山艺术村生态综合体设计

设计作者： 叶子菁　温阿龙　胡玥

所在院校： 四川美术学院

作品名称： 广西歌剧院
设计作者： 张昊
所在院校： 广西艺术学院

作品名称： 国泰电影院片区旧城改造
设计作者： 李巍　曹盈等
所在院校： 四川美术学院

作品名称： 回坊——伊斯兰主题酒店设计
设计作者： 李树坤　杨睿　赖春晖等
所在院校： 云南艺术学院

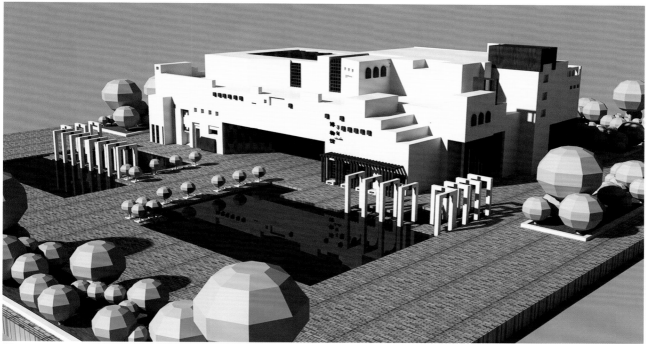

作品名称： 回族博物馆设计
设计作者： 沈立扬　赵宗毅　蒋开刚等
所在院校： 云南艺术学院

作品名称： 回族文化再生——民族步行街设计
设计作者： 闫芳　杨亚亨等
所在院校： 云南艺术学院

作品名称： 建筑、再生——新与旧的对话
设计作者： 赵梅思　韩晴
所在院校： 四川美术学院

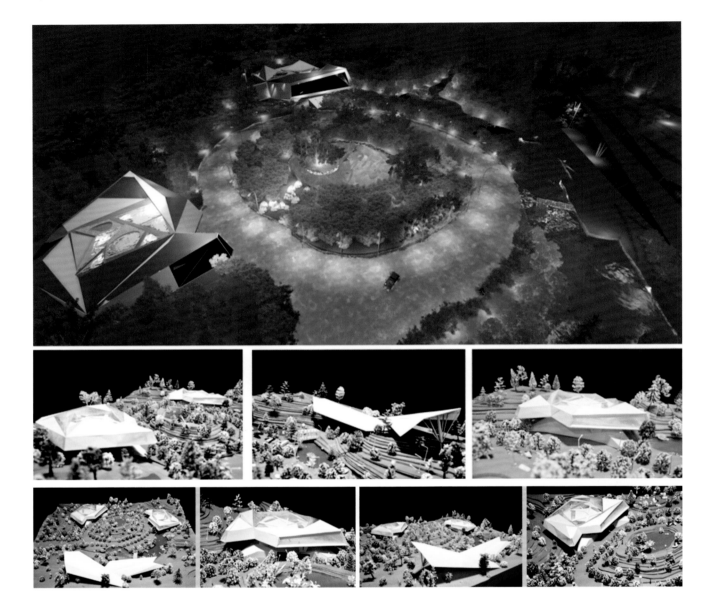

作品名称： 云南寻甸北大营草场旅游接待中心设计——闲草裕澹
设计作者： 渠敏　曹阳　王敏
所在院校： 云南艺术学院

作品名称：　回族文化再生——云间水镜SPA温泉酒店设计
设计作者：　张楠楠　张之刚等
所在院校：　云南艺术学院

**A**rchitecture
理想与现实
重钢工业遗址
改造与设计
01／06

作品名称：  重钢工业遗址改造
设计作者：  廖大为  杨一龙  孙锦瑶
所在院校：  四川美术学院

作品名称： 云南寻甸凤龙湾度假酒店设计——岩石的新呼吸
设计作者： 韩利强　轩诗贺等
所在院校： 云南艺术学院

作品名称： 彝族文化再生——彝洲水映会所
设计作者： 张宁　邓依洋等
所在院校： 云南艺术学院

建筑类
ARCHITECTURAL

作品名称： 旋·梯——美术设计教学楼概念设计
设计作者： 覃宇　张赫
所在院校： 广西艺术学院

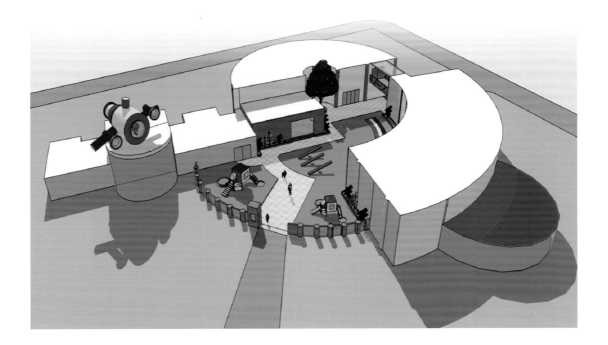

作品名称： 小熊猫幼儿园（上）
设计作者： 龙清玉　赵娜
所在院校： 重庆科技学院

作品名称： UUNDULATION OF THE CITY（下）
设计作者： 森本美沙子
所在院校： 椙山女学园大学

作品名称： 水芙蓉博物馆
设计作者： 龙禹历
所在院校： 广西艺术学院

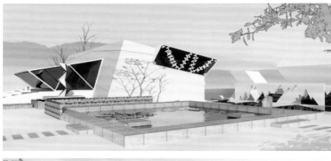

作品名称： 青年俱乐部设计
设计作者： 付丙雷　赵崇富　刘凯拓等
所在院校： 云南艺术学院

作品名称： 弄莫湖生态湿地公园酒店设计
设计作者： 赵玉文　王伟等
所在院校： 云南艺术学院

重庆巫溪，以·和·之名，打造"乐和家园"

巫溪宁厂，以·乐和·之名，打造属于宁厂古镇的新地域文化景观

基于对宁厂古镇地域文化、场地特色及建筑现状的深层调研，思考出结合其传统乡土特色的改造手法，挖掘其历史文化沉淀，保留其废墟美感，延续其盐巫文脉。

**联通**
建筑与建筑：邻接建筑打通建筑与建筑之间的隔墙连接；空间相隔建筑通过过街楼、廊桥空中连接，或结合室外景观连接
建筑与景观：**引景入室**
**构筑为景**
景观与景观：台地整理，添加构筑物衔接

**加筑**
通过对原有建筑的考察研究，分析其本质结构，材料，将原有居住式结构更新为更适用于旅游形态的功能性结构；提取原始材质，加以更新添加新的现代材质，根据原有风貌，加建相适宜体量的功能建筑

**改造**
同上手法

**重建**
同上手法

保留原有废墟，以现代设计手法，加入现代材质，融入当代文化，新老交替，更彰显废墟魅力

外面的**新**事物带进来，让宁厂的**老**文脉传出去

宁厂古镇，**盐巫文化**，废墟文学，混沌初开，从这里开始..

保持原有建筑外立面风貌，重点在于对建筑内部与外界的联系，通过开放外墙等方式使单体建筑与环境发生联系。

基于对场地的认识与思考，针对重庆特有山地建筑构筑形式：
**疏通**动新的交通方式，搭接空中连廊，联通街道两边建筑，丰富交通层面，增强建筑功能。
**整理**原有台地关系，便其配合建筑，形成室内外一体的新空间格局。
**格式化**原有山地建筑已衰竭的老公厕将其改为更适合旅游区的功能建筑。

原有玻璃瓦屋顶疏透改造

都消除原有屋顶改为自然天窗顶使其通行

五星建筑邻向交通保留与改造

五星建筑双廊道加筑

特色民俗展厅

接待中心

引景入室1

引景入室2

**对红五星的改造：**
对大跃进时期的历史外立面进行保留
加大楼梯井，使天光能从屋顶原有的破碎瓦片中透入
在原有双向交通的基础上，加入与对街的连廊增强建筑与建筑之间的联系，从一楼添加楼梯直接与外界的山地台地相接，内观其景。

对原有台地整理，打通上下两层，加入自然景观——在体量加入自然与人工几何在嵌入式陆梯两壁形成强烈对比，是自然与人工的"和"

**对冲沈空地的研究**
根据场地所处位置，整理台地，以挖去场地中心用楼梯相连
形成环绕的东西走向，自然地将场地隔为上下两层，闭富建筑与自然台地。疏通一下两条交通路线形成南北走向双层交通，对于接建空地，保护性保留原建筑——加以现代几何景观连接，配合自然景观生成符合废墟美学的新现代主义。

作品名称： 宁厂古镇中心街建筑改造及景观设计
设计作者： 韩旭　刘可昕
所在院校： 四川美术学院

建筑类 ARCHITECTURAL

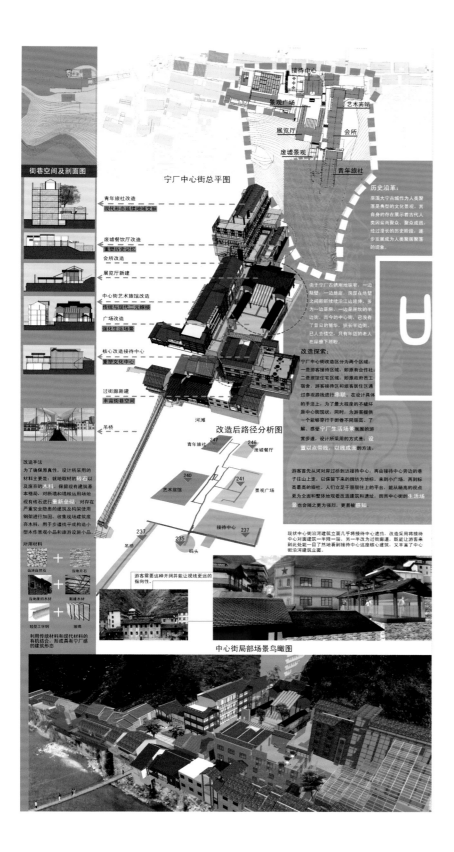

**街巷空间及剖面图**

宁厂中心街总平面图

接待中心　景观广场　艺术宾馆　展览厅　会所　废墟景观　青年旅社

青年旅社改造　现代形态延续地域文脉
废墟餐饮厅改造　重塑历史记忆
会所改造
展览厅新建
中心街艺术旅馆改造　传统与现代二元嫁接
广场改造　强化生活场景
核心改造接待中心　重塑文化中心
过街廊新建　丰富街巷空间
吊桥

**改造手法**

为了确保原真性，设计所采用的材料主要是：就地取材的砂石以及废弃的木料。保留现有建筑基本格局，对砖墙和墙面运用场地现有砖石进行重新垒砌，对存在严重安全隐患的建筑及构架使用钢架进行加固。收集现场建筑废弃料，用于步道铺饰或构造小型木作景观小品和废游设施小品。

**所用材料**

当地自然石　＋　当地瓦片石
当地废旧木材　＋　新建木材
轻型工钢料　＋　玻璃

利用传统材料和现代材料的有机组合，形成具有宁厂感的建筑形态。

**改造后路径分析图**

青年旅社　247　　246　废墟餐厅
艺术旅馆　240　　241
景观广场
237　　接待中心　237
235
吊桥　　码头

**历史沿革：**
巫溪大宁古城作为人类聚落是典型的文化景观。其自身的存在展示着古代人类因盐而聚众、聚众成邑，经过漫长的历史阶段，逐步发展成为人类聚落聚居的现象。

由于宁厂古镇用地狭窄，一边陡壁，一边悬崖，房屋在绝壁之间新断续建沿江边延伸，多一边星房，一边洋炕的半边街。而今的中心街，已没有了昔日的繁华，状长半边街，已人去楼空，只有年迈的老人在屋檐下照顾。

**改造探索：**
宁厂中心街改造区分为两个区域：一是游客接待区域，即原有合作社；二是旅馆住宅区域，即原政府员工宿舍。将游客接待区和旅客居住区通过参观游线进行串联。在设计具体的手法上，为了最大程度的不破坏原中心街现状，同时，为游客提供一个能够穿行于街巷不同层高、了解、感受宁厂生活场景氛围的游赏步道，设计所采用的方式是：设置以点带线，以线成面的方法。

游客首先从河对岸过桥到达接待中心，再由接待中心旁边的巷子往山上走，以保留下来的牌坊为地标，来到小广场，再到标高最高的旅社。人们立足于屋居住上的平台，能从精高的视点更为全面和整体地观看改造建筑和通过，因而中心街的生活场景会随之更为强烈，更易被感知。

现状中心街沿河建筑立面几乎将接待中心遮挡，改造采用将接待中心对面建筑一半降一层，另一半改为过街廊道，既能让游客来到此处能一目了然地看到接待中心这座核心建筑，又丰富了中心街沿河建筑立面图。

游客需要这种开阔并能让视线更送的指向性。

中心街局部场景鸟瞰图

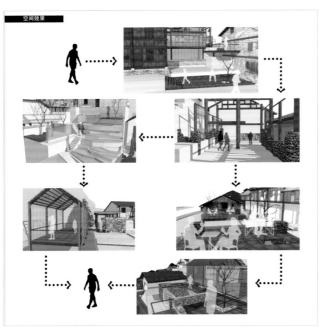

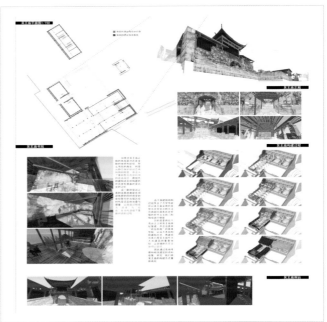

作品名称： 宁厂古镇冲沟宾馆建筑及景观设计
设计作者： 胡晓　盈倩等
所在院校： 四川美术学院

作品名称： 概念建筑设计
设计作者： 罗鑫葳　李舒航等
所在院校： 广西工学院

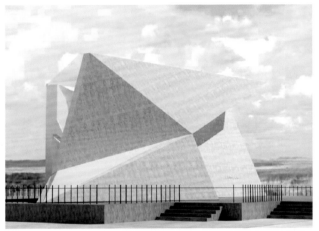

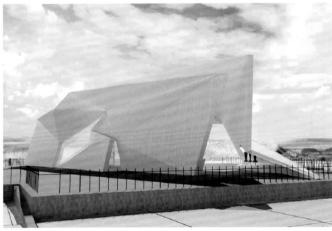

作品名称： 空展
设计作者： 路晴
所在院校： 广西艺术学院

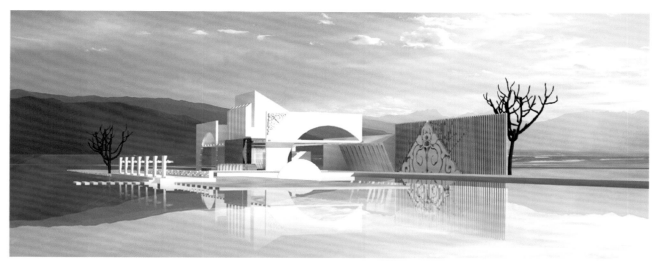

作品名称： 酒店设计——月兰溪
设计作者： 王黎　王伟丽
所在院校： 云南艺术学院

作品名称： 蜕变:浣花溪公园避难雕塑
设计作者： 唐理觅
所在院校： 四川音乐学院成都美术学院

作品名称： 游店品宅——五凤溪古镇13#院精品客栈设计
设计作者： 王晓辰　魏华
所在院校： 四川大学

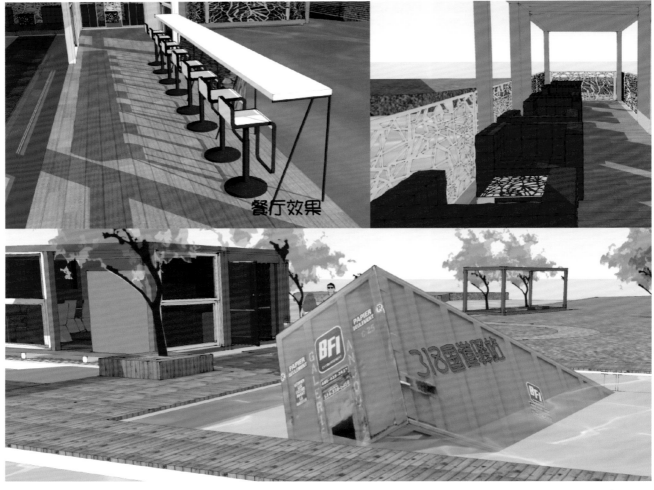

餐厅效果

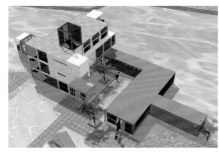

作品名称： 318国道集装箱服务站概念设计
设计作者： 张光武
所在院校： 四川大学

作品名称： MC设计工作室
设计作者： 马楚雨
所在院校： 四川师范大学美术学院

作品名称： 在路上——集装箱移居式住宅概念设计
设计作者： 陈子恒　李妮蔓
所在院校： 云南大学

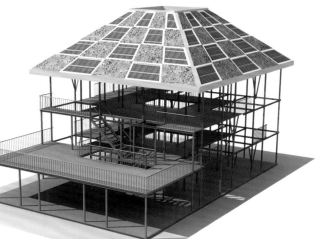

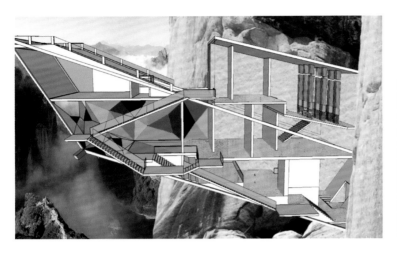 

作品名称： 彼岸之舟——四川僰人悬棺文化馆（上）
设计作者： 向婷　张丹
所在院校： 四川大学

作品名称： 山城记忆——消逝的生命线（下）
设计作者： 孟薇
所在院校： 四川美术学院

作品名称： 翼动——成都现代艺术中心概念设计
设计作者： 杨涌
所在院校： 四川师范大学美术学院

作品名称： 净水寺设计
设计作者： 神冲
所在院校： 四川音乐学院成都美术学院

作品名称： 昆明橡胶厂厂房改造八栋建筑设计
设计作者： 张秀铎
所在院校： 昆明理工大学

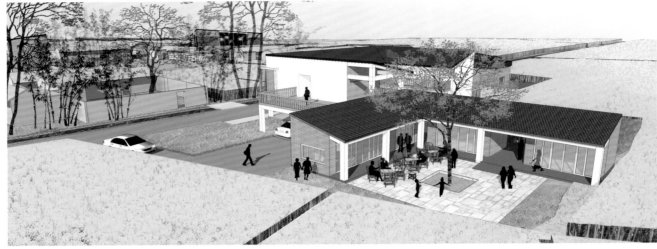

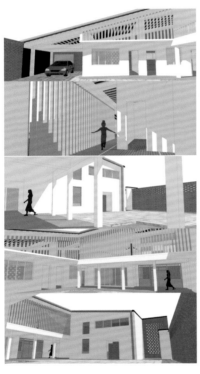

作品名称： 为你写诗——川西林盘示范点概念设计
设计作者： 杨潇
所在院校： 四川大学

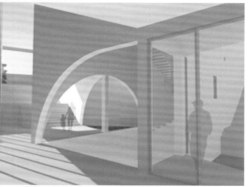

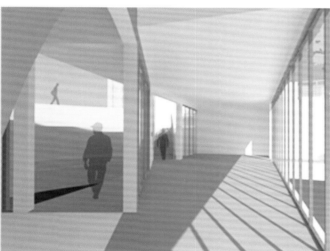

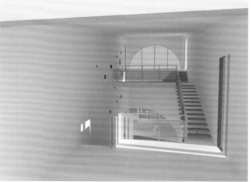

作品名称： 闲庭信步——柳州城市老社区再生计划
设计作者： 张发智　陈韬鹏　张坚辉
所在院校： 广西工学院

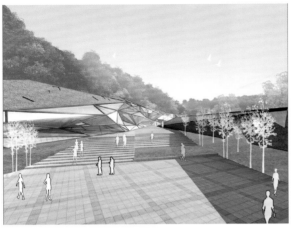

作品名称：　沉淀——云阳博物馆设计
设计作者：　龙文超
所在院校：　四川美术学院

建筑类 ARCHITECTURAL

作品名称： 旅者·MOTEL
设计作者： 李蜀鄂
所在院校： 四川美术学院

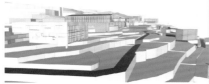

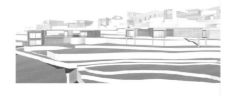

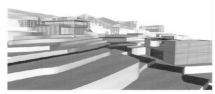

作品名称： 楠竹林创作基地——古剑山艺术村生态综合体设计

设计作者： 徐婧楠 郭秋洪 冯曦

所在院校： 四川美术学院

## "时光机"时尚风味餐厅设计说明

　　个旧市是云南省的一个中等工业城市，是中国最大的现代化锡工业基地、世界上最早最大的产锡基地。为了提升城市形象，个旧市委市政府与云南艺术学院设计学院联合承办了"2011·创意个旧"主题创意活动。随着经济的进步，一些老工厂已经无法提供现时的需要，成了被时代抛弃的废弃工厂。我们以个旧废旧工厂改造联想到了时光的倒叙，时空穿梭的情境，采用流动式的方式表现它，以蓝粉为主粉调为辅，让它有种看似是废旧的工厂，进入里面仿佛到了一个意想不到的空间，它时尚，有趣、富有生命力。给予人们一种新颖灵幻的感触。

作品名称： "时光机"时尚风味餐厅
设计作者： 胡宗泽　杨媛媛　赵建媛
所在院校： 云南艺术学院

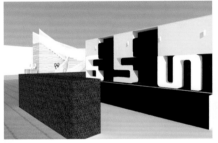

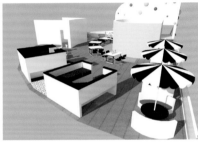

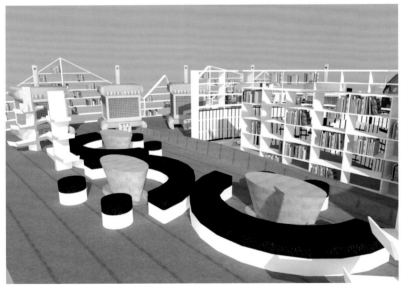

作品名称： 收纳
设计作者： 陈攀　焦凤林
所在院校： 四川大学

作品名称： 寻找遗失的书院
设计作者： 刘璐　吕亚泽
所在院校： 四川大学

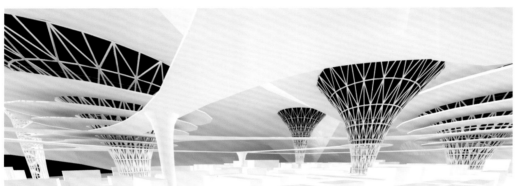

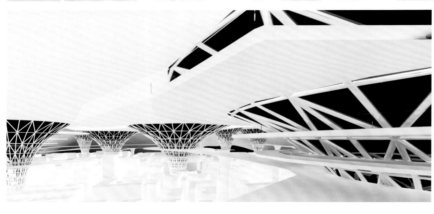

作品名称： 新桃花源——城市上空的绿地建筑概念设计
设计作者： 杨潇　贺振华
所在院校： 四川大学

作品名称： 绿野仙居——返璞归真的原生态别墅项目
设计作者： 张赟　徐昕玥　翟德楠
所在院校： 四川美术学院

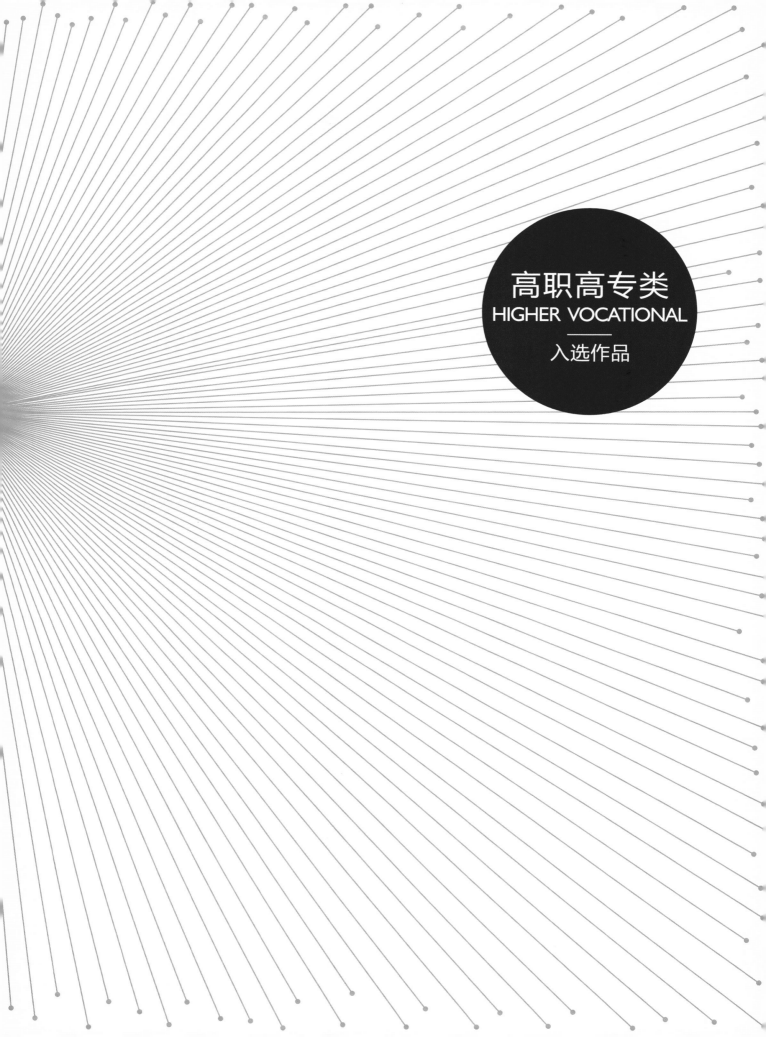

高职高专类
HIGHER VOCATIONAL
——
入选作品

作品名称： 贵洲松桃水语物源公园（上）
设计作者： 陈娟　罗尚武
所在院校： 四川华新现代职业学院

作品名称： 福州兰庭·新天地景观概念设计（下）
设计作者： 张丽
所在院校： 四川理工学院成都美术学院

作品名称： 飞享•栖息——隆昌古宇湖观鸟区景观设计
设计作者： 陈婧萱 田雨骅 邓曼菁等
所在院校： 重庆城市管理职业学院

作品名称： 激活时空——重庆市牛滴路滨江公园景观再生设计
设计作者： 徐成　颜伟　江超燕
所在院校： 重庆工商职业学院

作品名称： 破茧成蝶——重庆沙坪坝公园景观改造设计
设计作者： 郑丽丹 任晓珺
所在院校： 重庆城市管理职业学院

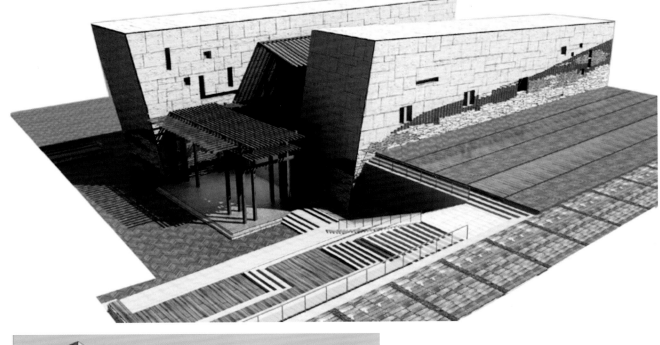

作品名称： 古镇新生 ——松溉古镇景观修建性详细规划
设计作者： 郑勇　李虹燕
所在院校： 重庆工商职业学院

高职高专类 | HIGHER VOCATIONAL

作品名称： 魔方KTV
设计作者： 蒋晓波　郭岱秋
所在院校： 四川华新现代职业学院

作品名称： 骑乐园（公园）景观设计
设计作者： 陈俞汝　马燕
所在院校： 四川华新现代职业学院

作品名称： 胜杯水恋居住区规划设计
设计作者： 易崇俊
所在院校： 四川理工学院成都美术学院

作品名称： RED
设计作者： 何清平
所在院校： 重庆教育学院

作品名称： 丛生

设计作者： 罗雪榕

所在院校： 四川艺术职业学院

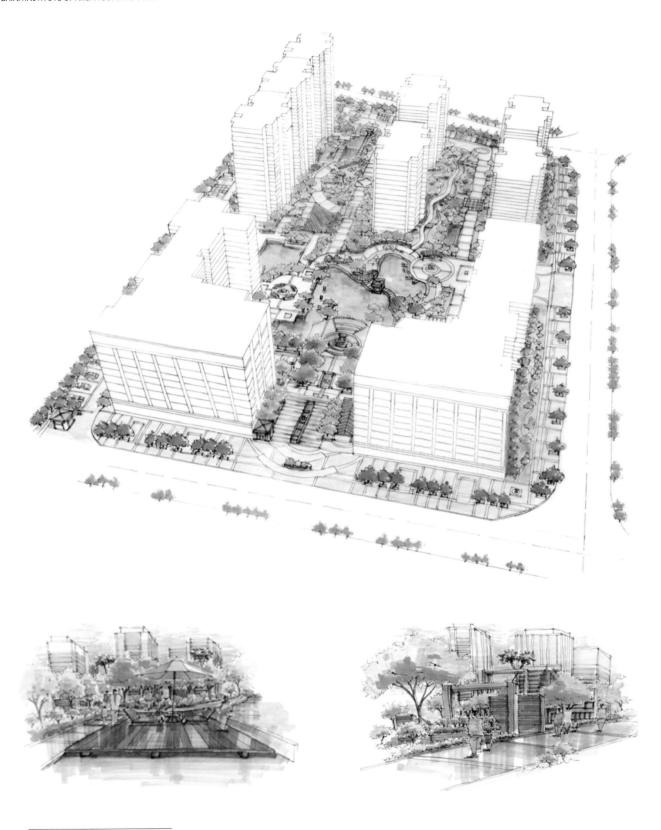

作品名称： 圣景国际景观规划设计
设计作者： 肖剑
所在院校： 四川理工学院成都美术学院

高职高专类 | HIGHER VOCATIONAL

作品名称： 松潘古城城市再生设计

设计作者： 向守虎　罗谢稷等

所在院校： 重庆工商职业学院

作品名称： 画家之家——废旧工厂改建工程
设计作者： 陈龙坤
所在院校： 重庆工商职业学院

作品名称： "泥喃"

设计作者： 谷大勤

所在院校： 四川艺术职业学院

作品名称： 三亚海湾度假酒店
设计作者： 毛俊霖　吴中南
所在院校： 四川华新现代职业学院

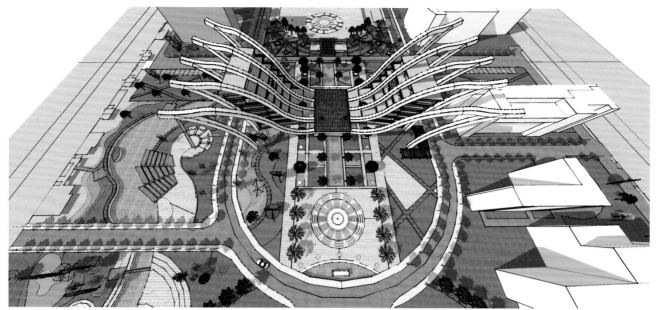

高职高专类 | HIGHER VOCATIONAL

作品名称： 非对称的浪漫
设计作者： 潘锐 何清平 欧阳良雨
所在院校： 重庆教育学院

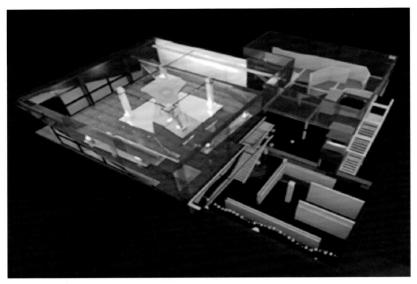

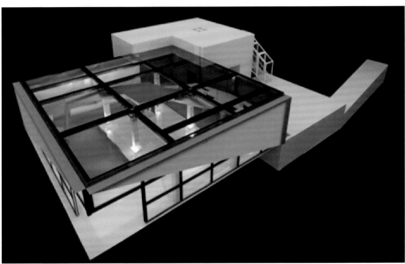

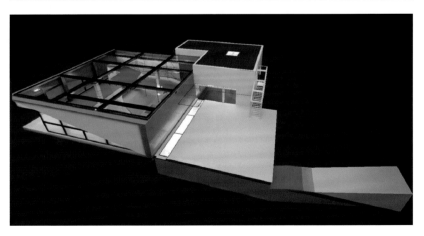

作品名称： 大陆·天空·海洋主题——自然艺术屋
设计作者： 陈灿　丁楠杰
所在院校： 四川华新现代职业学院

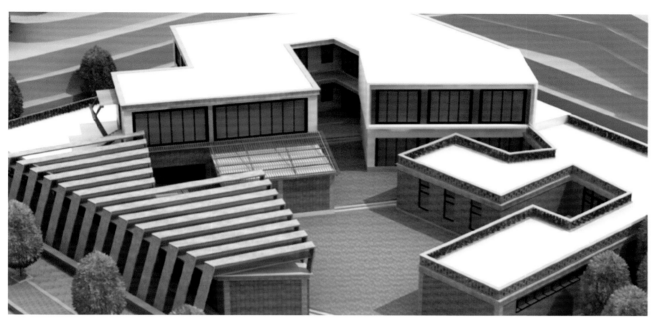

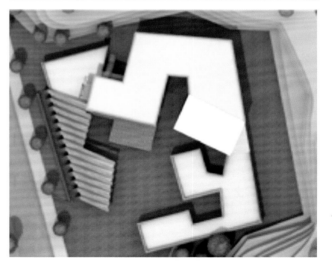

作品名称： 更新再生——重庆市九龙坡创意产业园改扩建工程
设计作者： 罗强　朱丹等
所在院校： 重庆工商职业学院

作品名称： "过"在未来
设计作者： 赵红艳　高宁等
所在院校： 云南文化职业艺术学院

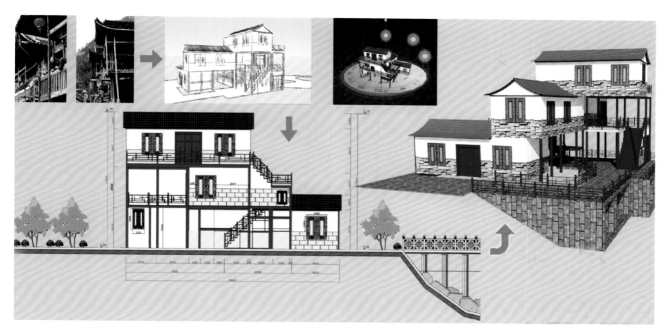

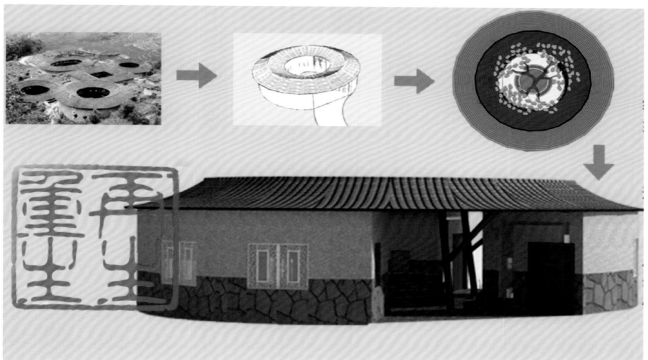

高职高专类 | HIGHER VOCATIONAL

作品名称： 重庆市綦江区隆盛镇新城民居规划
设计作者： 罗兆斗　郝绍丽等
所在院校： 重庆电子职业技术学院

作品名称： 小舍
设计作者： 王波
所在院校： 四川艺术职业学院

作品名称： 重庆市北碚区蔡家岗镇灯塔村规划设计
设计作者： 方陈陶　李仕明等
所在院校： 重庆工商职业学院

作品名称： 御园
设计作者： 常小翠　赵丽花
所在院校： 四川华新现代职业学院

作品名称： 银滩花园景观规划设计
设计作者： 蒋彪
所在院校： 四川理工学院成都美术学院

作品名称： 亚澜半岛度假酒店景观设计
设计作者： 程钟慧
所在院校： 四川理工学院成都美术学院

乔木

自然生态区

生态规划区域

生态岛屿

田园

休闲娱乐区

田园生活区

灌木

高职高专类 | HIGHER VOCATIONAL

作品名称： 溯源——温江生态度假区景观设计
设计作者： 张召贵
所在院校： 四川艺术职业学院

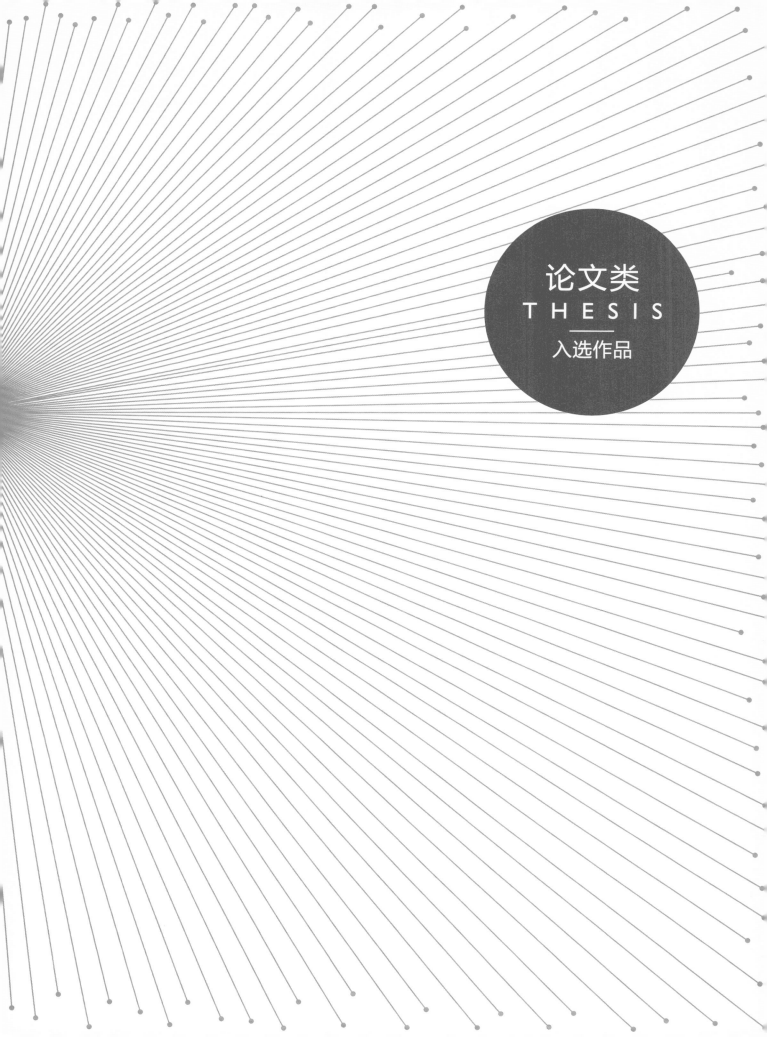

论文类
THESIS
入选作品

# 桂北传统干阑建筑空间与材料生态利用的再生设计—以龙脊平安壮寨传统干栏建筑为例

**姓名** 刘起平　　**院校** 广西艺术学院建筑艺术学院

随着越来越多的自然文化景观申遗成功以及"世界遗产日"的确立，人民以及社会各界对保护历史文化遗产的意识越来越高涨。昔日，对传统历史建筑的"拆"与"保"的矛盾转化成了如今的怎样保护，在保护的前提下如何发展其自身潜在价值适应现代人的生活需求，提高生活品质。建筑作为物质形式的存在，难以应对文明发展所带来的人类生活方式、工作方式的转变，逐渐沦为旧建筑，如同生物体上的创伤。而通过对建筑空间与材料的再生性设计则可以使传统旧建筑在在形态和功能上达到"新生"。本文结合建筑类型学（新旧嫁接、功能置换与间接过渡）的新思维，以龙脊平安壮寨传统干阑建筑为例，从理论与实践两方面对旅游村寨中的干阑建筑给予保护的同时进行再生设计，以此传承民族历史文脉，留存历史记忆。

**关键词：再生性设计；干阑建筑；新旧嫁接、功能置换、间接过渡.**

## 一、再生性设计在当今社会中的意义

随着世界经济、文化的发展，各种现代建筑如雨后春笋般拔地而起，这是生产力发展的产物，是一个城市乃至一个国家经济实力与科学技术发展速度的符号，但在现代化城市建设进程中，也带来了不可忽视的问题，有学者将其总结为两点："一是如何传承城市的文脉，二是如何修复历史记忆。"这是城市发展中至关重要的部分。建筑与规划是一座城市的躯体，而文化则是一座城市的灵魂。将两者有机地结合在一起，充分展示独有的历史文化脉络，只有这样，城市才是有内涵的，有韵味的。其中，对传统建筑的再生设计是一种较为普遍的方式。

"再生"一词源于生物学概念，是指生物体对失去的结构重新自我修复和替代的过程。如今，"再生"有多种延伸含义，被引入到建筑领域也十分贴切形象，传统建筑作为一种物质存在形式，就如同一个生物个体，随着人类文明的发展，其材料结构和空间功能难以应付日益转变的人类生活与工作方式，因此就要在传统建筑的原有肌体上放弃一些旧材料和不适应当代社会的设备或使用功能，这就如同生物体失去的结构，利用适合当代发展的工具在传统建筑的材料、结构以及空间功能等方面进行再创造以赋予传统建筑新的生命，也就是所说的传统建筑再生性设计。将再生设计引入传统干阑建筑可成就两个方面：一是基于传统干阑建筑这一具体的设计而去进行创新，创作出优秀的干阑建筑来承载桂北地区干阑文化、延续龙胜各族自治县的历史文脉。二是再生设计使得传统的干阑建筑融入了新的功能设施，满足旅游居住空间所需的要求，使经济较为落后的少数民族地区真正融入到现代化发展中，创造经济效益，提高当地居民的生活水平。因此在干阑建筑的再生设计上可以采用现代的新型材料新技术来实现，使融入当代建筑设计理念的干阑建筑真正拥有时代性。

## 二、桂北地区龙脊平安壮寨干阑建筑的再生设计

### （一）民族地区传统干阑建筑再生设计的必要性

干阑式建筑可谓是中国传统民居里的一朵奇葩，其别具一格的构造、功能与它所处的环境息息相关。西南地区多为山地，坡高沟深，天气潮湿多雨，多蛇虫鸟兽，因此在这样的自然条件下，我们智慧的祖先施法自然，巧妙地在自然与人工之间创造出了干阑这种典型的建筑形式，距今已有上千年的历史。《旧唐书》中写道："土气多瘴疬，山有毒草及沙虱、蝮蛇。人并楼居，登梯而上，号为'干阑'"。干阑式建筑一般为三层，因依山而建，建筑的基础难以找平，所以用木料垫石架空以达地平，在架空层往往用于圈养猪羊牛等牲畜；第二层用于人们的起居生活，卧室以及火塘的设置；而第三层则用堆放粮食与谷物。由于底部架空，因此干阑建筑在当地也被通俗地称为"吊脚楼"。整个建筑的材料以木为主，具有典型的木构建筑。桂北山区的杉木林随处可见，用于地基的卵石，在河岸的石滩上也容易得到。我们的祖先很好地利用了自然赐予的资源，因地制宜，解决了山区的居住问题的同时，也创造了一种独特的传统民居形式。一栋栋木质的吊脚楼在陡峭的山壁上稳稳地站立着，看不出任何的人工痕迹，就仿佛从山壁上生长出来的一样，是这个地区一种独特的生物。与大自然如此和谐共生着，这不得不引起提倡生态与可持续发展的当今社会的强烈关注。越来越多城市的人们发现了这一片天然去雕饰的净土，发现了这一片远离喧嚣的村寨，是个旅游休闲度假的好去处。同时，随着工业文明的到来，现代化逐渐向山区蔓延，智慧的村民们也已经不满足于闭塞的自给自足的农耕时代，看到了旅游带来的商机，于是，这种双赢的流动性把各个村寨的大门打开了。

龙脊平安壮寨就是其中一个比较典型且较为成功的例子，村民们在政府与旅游部门的重视下，对自己的村寨进行了规模性的旅游开发，给村寨竖起了牌坊式的大门，在重檐上堂堂正正地挂着木匾："龙脊·平安壮寨梯田观景区"，自豪地将这拥有600多年历史的巨幅"画卷"展现给世人，行云流水的层层梯田与古色古香的吊脚楼都是龙脊祖先们用智慧去雕琢出来并代代相传下来的珍贵财富，并继续造福着子孙后代。曾经耕田爬犁的阿伯，成为如今一个个"吊脚楼"旅馆的老板；曾经菜园浇肥除草的阿婶成为了今天木楼餐厅里的主厨；白皙亮丽的阿妹穿着母亲亲手编织的锦裙成了如今热情待客的地导；年轻力壮的阿哥背着背篓成了穿梭于山间的搬运工。而年过半百的阿公阿奶们穿戴整齐，祥和地坐在自家的主屋门口或者大厅中，跟游客们耐心地诉说着自己祖先的故事、民族的点滴。淳朴的民风、贴心的服

务，与这里的自然景观和建筑相得益彰，使来此度假的人们流连忘返。

### （二）龙脊平安壮寨传统干阑建筑现状分析

在龙脊平安壮寨这片历史悠久的地区，不仅有美丽的梯田景观，也有传统的民俗风情，还有独具特色的建筑奇观，赢得了世界各国游客的钟爱。干阑建筑是构成龙脊人文景观的重要因素，由于风景区的规划与建设，商业价值的影响，游客的需求，传统的干阑建筑成了游客们到平安壮寨居住的唯一选择，村民们也有所意识，这样的建筑空间不能满足现代化生活游客的生活需求，但村民们大多数是拆旧建新，将自家的吊脚楼根据新的需求更新改造成集餐饮住宿于一体的民宿：首先，随着旅游替代了自家居住的需求，要容纳一定的客流，新建的干阑建筑在体量上要比传统的干阑建筑大很多，面宽增大，楼层增高，方正、稳重，视觉冲击力更强烈。其次，原来设置在底层的牲畜圈养层被移到了建筑靠山的那一面，使人畜分离，符合现代人的卫生习惯，架空层在现代技术的影响下，被水泥平台所替代，有些仍保留架空层的干阑建筑，其架空层也改用了水泥柱的支撑，四周用镂空花砖进行围合，增加承重能力的同时也保证了牲畜的安全，有效地防盗或者防止了牲畜外逃；二层由原来的厢房与火塘的设置变为了如今宽敞的酒店大堂，安置了前台、餐厅与厨房三个功能区，一般厨房安置在靠山一面，有些体量较小的干阑建筑则将餐厅移至户外，用传统的架空技法使餐厅与二层的大堂齐平，搭建花架或者放置遮阳伞，有如现代的空中花园，让游客在用餐的同时通过这个架挑出来的观景台尽情享受龙脊的美景，亲近自然；三、四层用来设置客房，如一般宾馆一样，中间廊道，两侧是房间，向阳的一边成了观景房，靠山的一边则是一般的房间。再次，在建筑材料上则还是以木材为主，但是也多多少的使用了现代的混凝土，如架空层、地台、一层地面、楼梯等地方都有使用，楼板跟墙面还是全用木材，这也延续了祖辈们就地取材的传统，保护干阑建筑的一大特点，但智慧的龙脊人在原先没有经过任何处理的木板上刷上了清漆，以防虫防蛀和保持原木的鲜亮黄色，延长木材的寿命。所以如今来到龙脊，一幢幢原木色的吊脚楼在傍晚余晖的映衬下显得格外的鲜亮，犹如披上了佛主的金装。尤其是在临近中国传统节日之时，家家户户门前挂起大红灯笼，以原木的金黄色为背景，红色为点缀，好一个中国传统的色彩搭配，让整个山寨弥漫着浓浓的节日气氛。

### （三）龙脊平安壮寨传统干阑建筑再生设计过程所存在的问题

龙脊平安壮寨的村民们对传统干阑建筑的更新得到了肯定，前往的游客越来越多，带来了日益增长的经济效益，但是这样的更新是片面的，因为是建立在牺牲传统干阑建筑的基础上。穿梭于平安村的村寨，你可以看到许多破旧歪斜的吊脚楼无人问津，这些百年古宅夹杂在新建的干阑建筑群中任凭风吹雨打，如同一位饱经风霜的百岁老人，见证过平安壮寨世世代代的变迁，灰黑的建筑体快要与大地融为一体，瘫痪在一片废墟中，与杂草互相依伴，这老屋的主人搬入了一旁新建的吊脚楼中，新旧的对比似乎让我们领悟到生命的兴衰。另外，有不少依然保存完好的吊脚楼发挥着传统的居住功能，灰褐色的建筑体依旧挺拔结实，犹如一个中年男子，当你踏着青石板路过他的架空层时，一股乡间牲畜的粪便味扑鼻而来。这一类吊脚楼也有被主人改造成民宿，但是这类民宿往往不是游客的选择，其空间结构与设备相比之下没有那么舒适与方便，更多的游客还是选择入住到新建的吊脚楼酒店中。种种的问题使我们对龙脊平安壮寨产生了新的思考，我们不仅要在这片历史悠久的土地上新建吊脚楼，更应该竭尽全力去保护祖先留传下来的传统干阑建筑，因为它们是这片始建于元朝土地的见证者。通过不同时期的干阑建筑去传承这几百上千年的历史，保护保留"百年"老楼，修缮更新"中年"木楼，适度筑建"青年"新楼，使得干阑建筑文明得以传承，把龙脊平安壮寨建设成一个鲜活的继往开来的干阑建筑历史博物馆。

### （四）龙脊平安壮寨传统干阑建筑再生设计的方法

建筑类型学中对传统建筑的继承方法有以下说明：一是继承过去存在形式所属的意义；二是从特定的片断和它的边界推导出来，并往往跨越以前的各种类型之间；三是把这些片断在新的脉络中重新构成。与传统建筑样修复、修缮更新、拆除新建的保护措施一一对应。总结为具体的思维方式是：新旧嫁接、功能置换和间接过渡。根据建筑类型学将传统干阑建筑明确分为"百年"干阑、"中年"干阑与"新生"干阑，结合主要思维方式灵活运用，以达到"修复干阑建筑历史记忆，传承干阑建筑历史文脉"。

干阑建筑通过自身独特的社会历史、文化与艺术等层面的价值，挖掘出

了潜在的商业价值，以实现经济价值为前提而赋予干阑建筑新的功能，更新后的干阑建筑实现了自身的经济价值，经济获益后又给予干阑建筑的保护与再生设计更大地投入，环环相扣，互相促进，形成了良性的循环。因此将商业利益引入到干阑建筑的保护与再生设计中，为干阑建筑重新注入新的生命力是一条可行的方式之一，改变了其出于经济原因一直处于的衰败状态。这是当地村民已经在实践，并且也要继续保持的。建筑师们应该在良好的经济循环中用现代的眼光对这片干阑建筑博物馆进行一定专业性的创造与规划。结合建筑类型学，通过现代化背景下的新材料新技术，运用新旧嫁接、功能置换与间接过渡的主要思维，对龙脊平安村的干阑式建筑进行保护与再生设计。

对于"百年"老干阑建筑的再生设计，可分为两类：一类是依然完好无损的百年老楼，采取原样修复的同时融入内容更新的方法。我们将其子孙后代迁入到新的干阑建筑中，腾空百年老楼，复原内部空间，安放各种生活情景的一比一仿真人蜡像，周期性的对建筑体的每个木构细部进行防腐、防潮、防虫处理，延长建筑寿命。采用情景再现的方式让游客通过这个展示窗口了解龙脊祖先的生活状态和传统干阑建筑的各部分功能，其中，在架空层的牲畜圈中也要安放栩栩如生的动物蜡像；另一类是已经坍塌的百年老屋，这一类可以采用拆除重建的措施，借鉴宁波历史博物馆间接过渡的成功经验，将这些已有百年历史的废弃木板重新利用，在坍塌的原地重建一个用作民宿的新吊脚楼，把这些废旧的木板经过烘烤处理运用到新建的吊脚楼的墙面、地面上，新旧的拼接，就如同宁波历史博物馆斑驳的砖墙，颇有历史韵味，也可以将其制作成室内的家具，餐厅的桌椅、前台的木柜等，把这些残碎的历史片断在新的脉络中重新构成，以达传承历史记忆。再者，如果坍塌的这些老屋周围的干阑建筑比较密集，则可以将这片废墟之地做成一个人文景观，给密集的建筑群之间有一个可呼吸的空间。利用这些木板中当地的龙脊平安族祖先传承下来的一些图腾符号，结合景观设计中各种构成的手法，成就一处历史文化景观，可以再赋予神话传说，为游客提供一个摄影留念佳地，也使龙脊平安壮寨稍有几处经过人为设计并可以传承其民族历史的景观点缀。

对于"中年"干阑建筑则可以采用新旧嫁接、功能置换的思维对其进行再生设计。其建筑体牢固无损，但内部功能不能满足当今现代人的生活需求。那就将内部功能置换，原先用于家庭生活的住宅空间置换成具有商业性质的旅馆公共空间。建筑外墙体的保持不变，加固并且定期对外墙木板进行防腐、防虫处理，延长其寿命。由于内部空间具有一定的灵活性，隔板可以自由的拆、立，我们利用这一特点将室内全部掏空，重新划分室内的功能分区，大胆地使用现代的设计手法设计室内空间，给旅客营造一个方便、舒适、温馨的入住环境。室内的楼梯可以用现代钢筋水泥筑建或者采用钢铁工艺，承受更大重量的同时有一种刻意的材料拼接设计，新旧混搭，略具特色。考虑到传统的干阑建筑内部空间有限，不能满足民宿酒店空间要求，大可将民宿餐厅区域架挑在主屋的旁侧，形成露天餐厅，这种做法在一些新建的干阑民宿中也可见到，并且可以适当的加上玻璃、钢材质的顶棚，既可以遮风避雨又通透明亮。这样的新旧嫁接拓展了干阑建筑的面积以满足现代干阑旅馆的空间需求，传统的外表，现代的内心，传承了历史的同时符合了现代人们生活的要求，提高了"中年"干阑建筑的入住率，何乐而不为呢？

对于"新生"的干阑建筑，龙脊平安壮寨的村民们已经做得较好，对新的功能分区，人畜分离、材料的防护处理等措施都应给予肯定。在此基础上，我们可以适当地加入一些间接过渡的思维。在"新"中能寻觅到些许的"旧"，在现代的方便、舒适中能体会到些许传统的沧桑韵味。之前也有提到过，在新建一幢干阑建筑前，可以采取回收拆除的传统干阑建筑的建筑材料，经过处理利用到新建的干阑建筑中，不仅节约了当地的木材资源，也能在新建筑中找到传统历史的文脉，唤醒人们对过去的回忆。

另外，在技术层面上应该注意几点：首先，不管是更新或者重建的干阑建筑中，楼板跟墙面应该加入现代的隔音处理，在双层木板之间夹入隔音棉，以达效果。这是笔者入住干阑民宿的亲身体会。清早，一个人从房间廊道走过，整排房间都被走路所发出的咯吱声所打扰，或者是躺在房间里看电视可以听到隔壁的谈论声，因为地面和墙面都是单层木板拼接而成，所以隔音效果差，因此隔音技术的使用是必不可少的，既避免了游客之间的互相打扰，又保护了游客的隐私。其次，在新建的干阑建筑中，最好保留建筑底部架空，不要用水泥台代替，因为"架"是干阑建筑区别于其他建筑的显著特点，也是"吊脚楼"这一俗称的真实写照，但考虑到新建的干阑建筑的体量不断增大，承重能力要求越来越高，传统用木柱架空的技术显然已经落后，况且传统的架空方法涉及到定期的加固，无法做到，则会引起建筑的下沉或垮塌，造成旅客生命的威胁，因此，可以采用现代的钢筋混凝土技术做成仿木纹理的水泥柱，作为建筑基础，支撑在建筑底部，可以刻意的浇筑出长短不一的水泥柱，歪斜地布置，以还原传统干阑建筑千奇百怪的"吊脚"，使得这一建筑奇观仍然展现在世人面前。再次，就是木材的防火处理，用来新建干阑式建筑的木材要经过防火剂浸渍处理或者是表面涂覆处理，使木材具有一定的耐火性或阻燃性。避免干阑建筑发生火灾。一个单体建筑的燃烧容易引起整个村寨的火灾，因为干阑建筑群分布密集，所以要做好这个方面的工作，木材经过处理后，在干阑建筑内部也要配置消防器材，还需安装多个

火情报警装置。在2007年11月9日，贵州省黔东南苗族侗族自治州台江县南宫乡拥觉村发生村寨火灾。据初步统计，大火烧毁了100多栋干阑建筑，这座被称为"挂在山崖上的村庄"瞬间化为灰烬。因此，我们应该高度重视干阑建筑木材的防火处理。无论是在新建的干阑建筑中还是在修复传统的干阑建筑里，这一工序不能马虎，这涂上的不仅是一层防火外衣，也涂上了对历史的尊重与保护。

结论：随着桂北地区的现代化建设的发展，社会各界保护干阑式建筑的呼声日益高涨，随着政府部门出台一系列的政策措施，对干阑建筑的保护也上升到了另一个层次，对干阑建筑的更新改造以各种方式逐步的展开。在龙脊平安壮寨内，对干阑建筑的保护与更新虽然有所成效，贴近了现代人生活的需求，也产生了大量的经济效益，但自发地对干阑建筑进行改造与加建是对干阑建筑体系更为深层次的破坏，是对干阑文化的一种侵蚀，背离了我们保护干阑建筑，传承民族历史文脉的初衷。本文引用了建筑类型学的思想，结合新旧嫁接、功能置换、间接过渡的主要思维方式，运用现代材料与技术对当地干阑建筑分门别类的进行空间与材料的再生设计。反对大拆大建，根据干阑建筑的不同状况，精心制定维修方案，保存了干阑建筑历史风貌的同时，通过住宅功能的转换，打造独具特色的"干阑建筑历史博物馆"，树立具有少数民族特色的旅游品牌，吸引更多的游客到此观光渡假，创造经济效益，使整个桂北地区的干阑村寨焕发新的生机活力。

参考文献
[1]朱文一. 中国古代建筑的一种译码[J]. 建筑学报，1994，6.
[2]雷翔. 广西民居[M]. 南宁：广西民族出版社，2005.
[3]张良皋. 干阑建筑体系的现代意义[J]. 新建筑，1996，1.

本文为2011年度广西教育厅科研项目《桂中北旅游城市建设中侗族传统建筑技艺的系统化再造研究》的课题研究内容。（项目编号为：201106LX332）

# 基于中国禅文化的墓园人文景观研究

**姓名** 余玲 阳婷婷　　**院校** 云南师范大学艺术学院

据历史考证，我国墓葬形式出现在一万八千年的旧石器晚期，而公墓是我国当代殡葬业的主要设施。我从禅宗文化的角度设计墓园景观，提升公共墓园人文景观精神文化价值，使通过景观符号传递中国特色的禅宗文化成为可能。本文旨在分析佛教文化氛围下，受禅宗思想影响形成人文景观，这里的禅宗仅作为设计的一项元素，一种素材，用科学的态度分析佛教文化下的装饰艺术，并将其放到墓园人文景观设计上公正地看待，通过现象揭示设计艺术的本质，透过其形成、发展，找到规律性，为使墓园人文景观设计成为一个融人文、艺术、自然景观于一体的园林提出无限的可能性与可行性。

**关键词：禅文化；公共墓园；人文景观；符号.**

### 序言

墓园作为殡葬业务的主要设施，人们对待其有回避的心理，公墓景观建设存在问题，对墓园景观建设的相关研究与实施亦有所欠缺。本文在客观分析我国公共墓园建设存在的问题基础上，分析问题产生的根源，并采取相应的解决措施。

通过创造新的公墓景观，来改变人们对传统墓地的认识。打造墓园、公园相结合的休闲活动空间，园林公墓是建设与发展的趋势，是园林化的公墓，是以公墓为主要用途的特殊公园。本着生态、经济的建设原则，以营造城市森林为目标，从禅文化中提炼有特色的符号、图样，结合人文、水文、历史等条件，通过运用现代的设计手法，营造出层次丰富的自然景观和更多的绿意空间。

### 一、中国禅宗文化与墓园人文景观相关概念

在历史发展的过程中，墓园作为一种古老的纪念性场所及殡葬文化的物质载体，具有鲜明的纪念性、时代性、地域性及文化性特征。借助艺术形式表达，使禅文化独特的思想意境与抽象精神的在艺术上的形成传达。

#### （一）中国禅文化

禅宗是中国佛教八大宗派之一，也是最重要的一个宗派。禅宗因主张修习禅而得名。它的宗旨是以参究的方法，彻见心性的本源。禅宗是儒道释三家融合的重大思想成果，禅宗与中国本土文化相互渗透融合的最为密切、最为中国化。中国的禅宗既保留有印度佛教"梵我合一"的世界观——"本心论"，又宣扬道教中以追求自我精神解脱为核心的适意人生哲学以及自然淡泊、清静高雅的生活情操。它是一种宗教信仰，但也是一种文化意识形态，作为一种古老的东方智慧，禅宗精神在中国绵延不绝。

#### （二）墓园人文景观

公墓是规划出来供埋葬死者用的土地，它的选择受地理条件、宗教信仰、社会观念以及美学和卫生等方面的影响。墓地园林化是现代公墓的发展趋势，生态葬和绿化并行，继承我国传统的丧葬文化积极因素，扬弃消极因素，使得土地可以循环使用，以绿化打破采板且不环保的水泥结构。园林化的墓地相对于碑林密集的墓地来说减少了容易使人们产生阴森恐怖的因素。

景观分成两大类，即自然景观和人文景观，人文景观亦称为文化景观。墓园景观规划是景观设计学科中的一个分支，同时也是一个城市文化景观建设的组成部分。本文所针对的墓园人文景观旨在自然景观的基础上，叠加了禅文化的特质，构成的人文景观有一定的历史性、文化性和精神表现形式，并且愈显灵性和深幽，禅意的人文景观设计始终表现出一种超然外物的空寂。在墓园景观设计中，主要体现在建筑、雕塑、道路等。不同的人文景观因素包括地区或名族的风俗习惯、特殊文化、艺术等。

### 二、禅文化的中国墓园人文景观设计现状及存在的问题

#### （一）禅文化的中国墓园人文景观设计现状

在我国，受禅宗影响最具体现的是佛教信仰及宗教生活密切相关的佛教建筑艺术。广阔大地上耸立的大量佛教寺庙，是极其重要的世界文化遗产。在佛教墓区，以禅院塔林为代表，塔林堪称中国古代文化的一座丰碑，是中国灿烂文明延续和发展的历史见证。塔林是高僧们的墓葬集群，既是墓园，又是优美的山水园林。中国佛教寺庙是寄托了人类高尚审美情感的精神住所，在这里，塔林被赋予了人的精神内涵，物境被情境化了，园林不再是身外之景，而成为内在主体精神的外在显现。

河南登封少林寺塔林，位于河南省郑州市登封县少林寺西约250米，少林寺是中国佛教史上第一所禅宗道场。由历代高僧的墓塔组成，发源于印度，供奉佛祖释迦牟尼"舍利"。有唐以来历代古塔230余座，是中国现存面积最大、数量最多、价值最高的古塔建筑群，有砖、石和砖石混合结构的各类墓塔，造型各异、式样繁多，是综合研究我国古代砖石建筑和雕刻艺术的宝库。每一座墓塔就是一座石雕，这里有唐代的《大唐天后御制诗书碑》，宋代大书法米芾的《第一山》石刻，明人题写的达摩壁石等，书法绝伦，灵岩寺塔林塔座束腰部分的雕刻尤为讲究，是综合研究我国古代建筑、书法、雕刻艺术的宝库。

以上所举的范例只是我国仅存的较具有代表性的墓园人文景观，受禅文化影响较大，塔林是一种特殊存在的佛教墓园，然而更普遍的是我国现在较为常见的公共墓地。

目前大多数墓园现存的绿化树种单一，树种配置不合理，要使墓园的植物绿化合理，树种的搭配符合墓园的自然环境，必须在树种配置上多下一番功夫，同时也要遵循生态经济效益、地理气候和景观美化原则。

用植物、水体来营造墓园休闲、空灵的氛围是必不可少的，相对于一整座山全部被墓碑覆盖的冰冷景象来说，山清水秀的墓园是一定容易被人们接受的，在道路两侧种植行道树，树种采用以乔木、常绿树为主。可选择常绿的松科、柏科植物，如雪松、侧柏等，这些有一定的象征意义，即万古长青、永恒等，寄托生者对死者的怀念和哀悼。间种植一些观赏性树种，在树种搭配方面，可以考虑植物色彩组合和林冠线的变化，结合我国古典园林手法，创造禅意的宁静空间。

#### （二）禅文化的中国墓园人文景观设计存在的问题

公墓性质包括公共墓地和公益性公墓两种。公墓是近代社会发展在葬礼文化上的一个进步，公墓一般来说分为四大类：皇陵园、纪念性公墓、普通公墓、特色公墓，本课题主要以特色公墓为主。随着人口基数不断增长，公墓空间正逐渐扩大蔓延，影响着城市的发展，未来社会将不可避免的进入丧葬高峰。我国的公墓建设仍然受到落后的殡葬观念束缚，只重视个体墓座的修建，此外，"碑林"加深了人们的畏惧感，将对现代社会和城市的发展造成不利影响。

##### 1. 攀比浪费、不注重传承功能

在入土为安的孝道观念的引导下，产生了"入土为安"的土葬葬法及繁杂的殡葬礼仪，"厚葬重殓"的思想观念禁锢了人们的思想，使人们在操办丧葬和建造墓园的时候遵循一套复杂的程序，造成人力、物力、财力、土地资源的浪费，土地利用效率低，土地再生值不复存在。

随着历史的变迁，中国人对墓地的观念发生了很大的变化，大胆引进了西方现代陵园的规划布局，但是却没有做出很好具有特色的墓园，一个墓园的人文景观就是文化，文化就是景观，文化是景观形成与变化的一个重要因子，在景观设计中没有凸显中国特色文化，那么也就谈不上文化传承，而是千篇一律的布局方式，中国的文化积淀着中国的历史，应该促使其成为一种独特的人文地理特征。

在布局上可以采用中国古典山水园林造景的手法，受禅影响的中国古典园林从整体倾向上看，是尽量的亲近自然，用风景园林规划设计理念来改造和建造公墓，给予适当的情感释放，使墓园从人们追思缅怀和休闲之地，升华为生死观念的庄严场所，并帮助人们更好的认识城市珍贵的丧葬文化遗产，因地制宜地最大化发挥园林生态效应。

##### 2. 没有重视文化在墓园人文景观中的体现

现代一般的墓园作为一种纪念性场所失去了原本应有的人文价值。如今墓园的精神功能远胜于实际功能，墓园景观形式单一且缺乏文化内涵，失去了纪念性空间所特有的文化传承意义。如同其他传统文化一样，我国传统墓园文化既有其合理的成分，也存在着落后愚昧的一面。墓园不仅是城市的殡葬用地，还是具有浓郁人文气息的公共绿地。园林化的墓园所体现出的社会、精神、文化、生态价值使我们更加确定墓地园林化是我国公墓发展的必由之路，我国的传统墓园文化在经历了近千年的延续与变化之后，形成了一个独立而繁杂的体系，它客观的反映我国各个时期社会的文化、风俗、经济、制度。我国大部分公共墓园在许多方面都不能满足大众的需求，甚至给城市风貌和城市居住环境带来负面影响。现代墓园注重的只是逝者的安葬，统一的墓碑，单调且缺乏设计感，没有去做特定的功能区域分布。墓园是生者对逝者纪念的场所，具有悠久的历史和深厚的文化内涵，是人类生活和发展的重要组成部分。它的产生及发展随着人的世界观、价值观的演变而变化，是人类生死观的具体物质化表现形式，要使墓园人文景观体现出不同的文化，则需要改进。对于传统墓园景观营造方式，我们不能全盘否定，而是要批判地继承，我们要在客观分析的基础上对其进行传承，吸收传统墓园文化中的合理内涵，在墓园人文景观设计中，体现其人文价值。

##### 3. 墓园功能没有趋向多元化

死亡是一种不可避免的自然现象，但是死亡并不意味着逝者与生者的关系就此终了，生者通过墓园作为一个生死对话的载体，承载记忆的场所，具有纪念意义。现代墓园设计中，为协调生与死者共存的关系，城市墓园的规划设计中应不仅仅只考虑祭奠功能，更多的是使墓园功能朝多元化发展。

首先，通过墓园展现城市历史变之时，不同时期的墓园建造表现出不同的特点。每个国家、民族的殡葬文化都呈现相应的地域特征，因此，不同国家、民族建造墓园的方式都各具特色，墓园内的景观构成要素均体现出不同的地域文化和民族信仰。

其次，墓园人文景观可以起到传承的作用。墓园要有其独特性的文化象征，引导人们站在看待文化的角度看待墓园文化，在墓园设计中，力求创造

体现自然、艺术和具有时间性特色的墓园环境。

**4. 不注重景观生态、休闲功能**

人是自然的一部分，人死回归自然，墓园要去掉过去"灰色冰冷"的感觉就必须注重园林建设和生态建设，加强保护生态环境，这样也有利于改善人类的生存空间，避免更多的环境污染，让墓园真正的生态化和园林化。

墓园设计方面，应该通过合理的布局，开发成为休憩的城市绿地，从环保角度来考虑墓园布局，在缅怀故人的同时，既能享美丽的自然风光，又能改善院内环境，提升我国当代公共墓园的精神文化价值。

墓园人文景观不仅体现物质形态，从中也透示出一种对生命的尊重设计方面应该更多的考虑如何运用艺术创作中的符号，去引导人们的思绪，以尽可能简略的、巧妙的艺术形式如语言、色彩、线条、声音等，表达尽可能丰富、含蓄、深邃的思想情感内容。因此，将墓地做成园林式纪念场所，在祭奠、怀念功能的同时增加休闲功能，使人们通过体悟现实感受对象，由物质体验上升到精神体验。

**三、基于中国禅文化的墓园人文景观设计的思考**

**(一)禅宗思想应用在墓园人文景观设计中的价值**

园林艺术是物质文化与精神文化的双重体现，它的物质形态中包含着一定的文化精神意识的信息。人文景观物化了文化心理和审美意识，人文景观往往能以它鲜明生动的物质形态形象且具体的传达出一个民族的精神、气质和一个时代的文化心理特征。

山水景物本身是无知无情，不能与人沟通，但是人们在游山水之间时能够获得神澈虚静、悠闲自在的情怀，能给人以声色之外的玄妙理趣，禅与自然之间、禅境与山水园境之间灵犀相通，再加上人文景观融合，能让人感受到不为外物系缚的天然情性，在墓园人文景观设计中，以自然清静、含蓄瞻远的审美情趣，促成具有人文价值的墓园人文景观的设计。

墓园这一灰色空间，是生者对于逝者的缅怀场所，这一重要的精神活动场所，越来越成为人们生活中不可缺少的因素，物质生活与精神需要，天人永隔之间的种种矛盾关系在这里得到了调节，人们以对于逝者思念的精神上的寄托，这里也只是城市中的一片小园，并无崇岭巨川，破除种种计较和规范的束缚，回归生命的本然天性。禅塑造了中国人独特追求自然美的情趣。墓园，作为一种自然环境中进行创造的艺术，体现着人工与天然的关系，反应自然观。

**1. 以人为本原则**

墓园是悼念逝者的场所，那么，墓园人文景观设计要迎合人的心理，进行合理区域划分，充分发挥墓园的优势作用。

**2. 因地制宜原则**

当今的城市公墓中，最普遍的墓葬方式就是用水泥或石料板块制成墓穴安放骨灰盒，立墓碑。墓碑的排布紧密，水泥的坚硬外壳包住了整个山体，对环境产生的后续影响极大。为了完善墓园用地制度应尽量弱化单体墓碑的体量，墓园设施要与环境相互协调，通过这一方式提升公墓用地的利用价值，缓解生活空间与殡葬用地之间的矛盾。

当代墓园需考虑的是：充分利用墓园自身的自然地理条件，因地制宜的合理利用土地资源，避免破坏生态环境，使用一些特殊地形打造具有特殊的景观效果，既增强了园区的层次感，又突出了景观效果。

**3. 运用符号元素表达象征含义**

在墓园文化的表达中，运用抽象的艺术手法，通过高度浓缩或概括性的符号传递文化内容的涵义，使其具有寓意和意境，提高文化品味，进一步加深人们对文化内容的全面深入理解。经过抽象的表达，能够降低墓园文化的复杂程度，使其更容易被人们所理解。例如：体现禅宗的饰品、器物及其独有的纹样和千变万化的宗教人物形象等为人们带来了独特的视觉体验环境价值。例如，在雕刻中可采取图形演变法抽取有代表性的元素，进行图形转换，生成新的图形式样。

在实际的人文景观设计中，图形元素是必不可少的，图形的产生由具体事物转向抽象化，例如：莲花在众多信仰的人们心中是有特定意义的，莲花本是一种现实的植物，在"禅意"景观表现中，也经常会用到莲花作为景观来搭配周围事物。随着时间推移，出现了一系列以莲花为基本形状的设计图案，在佛像雕塑的应用中，极具代表性的就是佛像的莲花底坐，另外在其他装饰物上也可以经常见到莲花造型的纹饰。禅影响下的图形有特定的文化特色，应用广泛，不论在雕塑还是饰品等方面。

**(二)墓园人文景观的整体化、个性化和艺术化**

**1. 墓园人文景观整体化原则**

周围环境的变化，不合理的设计可以直接影响环境氛围、功能。例如：在道路设计方面，园区道路同城市区间道路有共通之处，园区内的道路分为主干道、次干道和三级道。主干道可以行机动车，在祭日来临时用于快速疏散人流的作用，次干道可供墓园服务使用，园区小径、墓园人行小道设计应符合地形、地势，使人们方便行走到达目的地，在道路铺装上都要考虑安全因素，原则上采用景观设计中的"曲则顺"、"直则冲"的原理。

在园区设计中，考虑水体的应用，但是位置和造型必需认真考虑，恰当的布置会给园林增添色彩，从整体布局去设计，才会不显突兀，山、水、石、

达到动静结合的效果。

**2. 墓园人文景观个性化原则**

墓园公园化，现代陵园要摒弃过去的阴森、恐惧、凄凉的感觉，要重新赋予它一种祥和、宁静的氛围。墓园公园化就是要把墓园做成一个"花园式公园"。在受禅文化影响的基础上设计，体现出中国古典园林的典雅风格，体现园区道路的曲径通幽、再配合景观小品，让故人安详的置身于青山绿水之间，后人在祭奠缅怀之际也可以感受到空灵、舒畅的环境。

**3. 墓园人文景观艺术化原则**

掇石叠山是中国古典园林的独特内容，受禅理濡染的中国园林艺术，它体现了对自然的亲近感，以单块列置奇石的方式或以小型堆叠的山体作为欣赏对象。只要小小假山便能引发自在悟静的心境，又何必亲临名山大川。

石涛是众多叠山高手中很有个性的一位，他是画家，又是禅僧，他的堆叠艺术与他富有禅意的绘画美学思想相印证。石涛《画语录》云："至人无法，非无法也，无法而法，乃为至法"有"法"但却不拘泥于它，化人工为自然天造。水体在妙造自然方面，一是体现自然河川溪涧之美，二是可以组织景观，利用其流动、灵活、可塑的特点，将山、石、建筑乃至气候等因素，都联系起来，达到浑然天成的效果，以水体来体现自然，引发宁静空灵的感受，禅院就有"空心潭"一类的水景，从其名就可以知道立意所在。

墓园的产品不仅仅是一座座墓碑，同时也是一尊尊高品位的艺术品，在视觉上设计，当生命结束后，用艺术形式来表现每一位逝者，既丰富了人生又启迪了后人，同时不同设计效果的艺术产品也美化了墓园，达到景观的艺术效果。

在墓园景观设计中，提炼中国禅文化元素，并经过产生阶段、发展阶段、融合阶段，将符演变成一个具体的实体在墓园景观小品设施中体现，将墓园小品设计包含的内容提高，并慢慢转化为一种文化现象。通过不同构成元素的差异来进行布局，强调其个性与变化。并通过分析园境创造与社会文化心理需要达成联系。禅的思维方式对墓园人文景观的影响入手，达到触景生情，在景物中寄托情感。在墓园人文景观设计中，借鉴中国古典园林的设计手法，体现墓园这一整体、独特的空间概念。

**4. 人文价值和环境价值**

墓园中景观的设计应该给人们带来的精神上的感悟，而不仅是停留在视觉感受上。在创造墓园景观的手法上可通过古典园林的造景手法如借景、对景、隔景等手法，创造出空灵的空间。

建筑物是除了山水外构成园林景境的要素之一，巧妙构建建筑物，在这方面，寺庙园林有不少佳例，中国禅文化中的装饰设计在几千年的发展历史中，与中华民族传统文化的有机结合，受禅宗影响，出现了很多体现禅文化特色的造像与雕塑，从禅宗中吸取有代表性的图貌元素，经过不断地融合、进而发展演变成具有中国特色的艺术形象，产生美学价值。传承人类文明的基因与信息，是人类文明的载体之一。

墓园是传统的纪念性场所，具有丰富的文化内涵，其植物种类的选择必有自身的特点。

首先墓园中的植物应选择与当地环境相适应的种类，保证植物长势良好；其次根据风俗宗教信仰来选择树种。与佛教文化相关的植物种类有：无忧树(乌墨)、要罗树、优昙花、七叶树、莲花、丁香属、吉祥草、石蒜、菊花、茉莉等，均是具有佛性的植物。佛祖释迦摩尼生于菩提树下、悟道于无忧树下、圆寂在婆罗树下，七叶树是佛陀入灭后经典结集之会场七叶窟前的树木；优昙花比喻佛陀出世的稀遇，是如来及轮转圣王出生的象征；石蒜是佛陀宣说妙法的祥瑞；而丁香用香味来比喻或德的芬芳及如来功德的庄严；荷花寓意人在生死烦恼中，不为生死烦恼所污染；吉祥草为佛祖悟道时铺设的坐垫；菊花是修法之花。植物在造园中是必不可少的，打破现有公墓的水泥制、成列呆板的形式，创造人文、艺术、自然景观于一体的墓园。

结语：墓园是寄托生者哀思的场所，同时，通过它也折射出历史文化和逝者的精神文化，在基于中国禅文化的情况下，将具有文化内涵的墓园建设定为墓园人文景观设计的发展方向。在体现墓园文化、精神传承的构思中，分析墓园文化内容，运用艺术表达的方法提炼墓园文化主题，创造具有中国文化气息的现代墓园文化景观。

**参考文献**

[1]吴凤祥，赵映诚. 墓园文化思辨[J]. 汉江大学学报，1996，5：56—58.

[2]胡兆量. 墓园园林化[J]. 规划师，2003，1：105—106，137—138.

[3]斯震. 我国的传统墓葬文化与现代墓园建设[J]. 中国园林，2009，3：23—25.

[4]邵峰. 墓园植物造景初探[c]. 安徽：安徽农业科学，2009：12—27.

[5]任晓红. 禅与中国园林[M]. 北京:商务印书馆，1994:84—85.

论文类 THESIS

# 论工业遗产改造中的体验性空间设计

**姓名** 刘何浩　　　**院校** 云南师范大学艺术学院艺术

科技发展使当今社会进入到信息时代，早期工业时代遗留下来的一些工厂、设备已无法适应现代社会的需求而面临废弃。上个世纪90年代，我国对于这些废旧厂房和机器的态度都是一味的拆除，直到21世纪初，可持续、低碳观念的提出才让大众认识到，对废弃的厂房和机器可以改造再利用。但是，由于我国设计行业的发展滞后，造成了一部分改造项目有名无实，"保护"和"低碳"成为了一种口号和噱头，不当的设计改造所形成的一大批工业遗产改造项目都或多或少的遭受到各种破坏。

其次，对于今天的美术馆展示空间的设计一直还停留在对其进行传统的以简单陈列和收藏为主要功能的处理上，这样的设计方式和展览模式已完全不适应当今展览展示的发展，往往使展品与观众孤立，观众被动接受展品信息。

本题旨在通过对国内外优秀设计案例的理解分析，寻找当代展示设计与工业遗产空间的联系，并对展示空间的互动性、参与性和体验感做一次梳理，希望以此获得一些有价值的理念和方法，改善人们的参观体验方式，丰富工业遗产开发的设计形式，并让观者能在感受工业遗迹时解读其中的历史文化，最终为工业遗产的体验空间改造设计提供一些可用的参考。

**关键词：工业遗产；体验；功能；空间设计.**

## 一、工业遗产的概念和工业遗产改造的源起与发展现状

### （一）工业遗产的概念

2006年第8期的《建筑创作》刊载了工业遗产的定义："工业遗产由工业文化的遗留物组成，这些遗留物拥有历史的、技术的、社会的、建筑的或者是科学上的价值。这些遗留物具体由建筑物和机器设备，车间，制造厂和工厂，矿山和处理精炼遗址，仓库和储藏室，能源生产、传送、使用和运输以及所有的地下构造所在的场所组成，与此相联系的社会活动场所，比如住宅，宗教朝拜地或者是教育机构都包含在工业遗产范畴之内。"由此可见，狭义的工业遗产主要包括车间、仓库、机械、设备等这些区域和留存实物。广义的工业遗产则包括工艺流程、生产模式等非物质文化遗产。

### （二）工业遗产改造的源起

工业遗产不但具有历史、文化、科学、艺术等所有文化遗产都共有的价值，同时还具一定的社会和经济价值。因此，对其保护和改造再利用，对于今天而言已不是一个新话题。

早在1955年，英国伯明翰大学的迈克尔·里克斯（Michael Rix）就提出"工业考古"这一概念。"工业考古作为特殊考古，是考古学的一个分支。研究从史前时代至近代的手工业和工业生产的遗迹、遗物，重点放在近代。运用考古学的各种方法对工业遗存进行调查、陈列、保护。"工业考古学（Industrial Archeology）为世界工业遗产研究制定标准、建立数据库、开办杂志、成立各种组织，并且对工业革命时期遗留下来的具体物件进行记录、整理，同时进行保护。此外还建立博物馆收录这些物件，用以对大众展示。这为工业遗产的保护作出了巨大的贡献。

1989年，KVR制定了一个为期10年的国际建筑博览会的计划（IBA），以德国鲁尔老工业区为核心的改造工程。把老旧工厂改造成博物馆、景观公园、购物中心、创意产业园，发展工业旅游、逆工业化的设计改造模式改变了传统的工业遗产保护方式，为世界工业遗产保护提供了崭新的思路（图1~2）。

左图1 德国鲁尔工业区改造（资料来源：http://wjw6001.blog.163.com）
右图2 德国鲁尔工业区改造资料（资料来源：http://picasaweb.google.com）

我国自古以来是一个农业大国，没有经历过真正的产业革命。19世纪末期处于内忧外患历史背景下的民族工业和建国初期激进的工业化大生产运动都缺乏科学系统、循序渐进的发展而处于亚健康状态。20世纪90年代"退二进三"、"退二优三"的产业结构调整，促使大量的工业企业倒闭。如今兴建于19世纪末和20世纪末的传统产业逐渐衰退，工业企业纷纷面临淘汰和废弃。对于大量的工业遗留，人们出于单纯的经济效益考虑，都采用简单粗暴的拆除和重建方式的对待，造成了巨大的破坏。

1999年德国等欧洲国家工业遗产保护和再生的成功案例，为我们提供了参考和借鉴。2006年4月，《无锡建议》在中国工业遗产保护论坛上被提出并得到一致通过，这标志着工业遗产保护在我国正式被认可。近年来实施于北京、上海等城市的一大批工业遗产改造项目都借助世界最前沿的模式进行处理，设计水平进步显著。但受制于传统设计理念和技术工艺，部分工业遗产改造项目仍然出现了很多缺陷与不足，等待专业机构和技术人员的进一步改进和完善。

### （三）国内外工业遗产改造的优秀案例分析

奥地利维也纳煤气罐工厂改造——建于1896—1899年的维也纳煤气罐工厂是由四个储气罐组成，每个罐容量九万立方米，该厂位于维也纳市郊的Gasometer。到20世纪70年代，由于天然气逐渐替代煤气，工厂被废弃关闭。20世纪90年代，当地政府决定将其开发为一个综合购物、娱乐、办公和居住功能的商业区，并最终于2004年改造完成，向市民开放。

四个煤气罐建筑被分为A、B、C、D四个区域，中间用一条通道贯穿。A区由法国设计师让·努维尔设计，由于其紧靠地铁口，因此设计师把这一区域改造为一个商业中心，环状的格局，留出中庭设置自动扶梯。B区由奥地利的设计机构蓝天组设计，这里除了一个与A区联通的大厅外，还于大厅上部建造了一个环形的12层住宅，在大厅下部设置了一个多功能剧院。C区与D区分别被奥地利的曼弗雷迪·威道恩和威尔海姆·霍茨鲍耶设计成了维也纳传统的住宅和一个档案馆。整个项目改造虽然由四个设计机构分别设计，但整体功能合理，风格统一，即保存了建筑原貌，又使其重新焕发了生命力，成为地标建筑，带动了整个区域的发展（图3）。

图3 奥地利维也纳煤气罐工厂改造（资料来源：作者自摄）

上海杨树浦创意产业园区改造——上海杨树浦创意产业园区位于上海东北角的杨浦区，这里曾经是上海纺织厂的生产区，留存下一大批完好的厂房和管理用房。2009年区政府计划筹建"北外滩创意产业带"，上海纺织厂成为改造的前沿。2010年法国夏邦杰建筑设计机构对其进行了整体规划改造设计，同年末园区改造初见成效，部分区域改造完成并对外开放。这里的大量车间被改造为办公区域，部分厂房被改造成半开敞的通透空间，一栋建造于20世纪中期的建筑被重新修饰用于办公管理，成为入口处的标志，区域内还新建了几座造型独特的建筑，设置为展厅、会所。改造建成后的厂区将集合办公、餐饮、娱乐等功能，成为上海又一个新的时尚创意产业核心区（图4）。

图4 上海杨树浦创意产业园区改造（资料来源：作者自摄）

## 二、体验的概念及展示空间中观者的体验方式

### （一）体验的概念

体验，在《辞海》里被解释为："通过实践来认识事物，亲身经历。查核、考察。"由此可见，体验是指个人通过亲身经历所获得的对事物价值判断的心理感受。此外，体验还含有通过借助已有经验的推测、假设所获得的对事物价值主观判断所得到的心理感受。因此，有人说体验是人的自我实现，是个体在情绪和知识上的参与所得。

### （二）体验的特点和要素

由体验的定义可见，体验具有五大特点。一是个体差异性。不同的人由于自身已有经历和经验的不同，同一客观事物对其产生的心理感受和体会可能有巨大差异。二是综合性。体验是把个体的感觉、知觉、记忆、情感、想

象等心理因素和人生观、价值观、阅历等前期经验综合的赋予客观存在体验对象上予以感受。三是情感性。体验是以人的情感为核心的，不同的事物对人产生的心理影响都最终转化为人的情感和情绪。四是直觉性。体验很多时候都是一种不经过分析推理的直观感觉，虽然它综合了各种心理因素和前期经验，但对于客体而言个人往往在瞬间形成反应而得到相应的感受。五是直观性。外部事物的形象越丰富、越生动，个体所得到的体验效果就越显著，感受也越明显。

体验具有三个基本要素：一是刺激，体验是外部事物对人的刺激所形成的人自身的一种生理激活。一般而言，外部刺激越丰富，所涉及的感官越多，体验效果越显著。二是行为反应，人们体验事物所得到的结果往往是通过相应的行为反应得以反馈的。三是意识和情感，不同个体意识和情感经验的差异会对其产生不同的感受效果。同时人的喜悦、悲伤、恐惧等情绪感受自身就是一种体验反应。

（三）体验的意义

人们认识事物不但需要通过自身的感觉器官去把握对象的表象属性，而且需要已有经验和思维进行分析处理得到事物内在的本质属性，体验在这一过程中运用个体自身的各种感官系统和情感、记忆、思维等生理机制对客观事物进行整体综合的认知，从而促进人的真正领悟和对事物的本质作出正确的判断。人们通过体验可以从根本上更直接、更理性的把握事物的实质，找出其潜在的关联。与此同时，体验还能扩大人们认识事物的广度和深度，特别是事物的价值、意义、目的等高于表象的本质而抽象的属性。

（四）美术馆展示中观众的体验方式

观众的体验成为美术馆的核心——"当代博物馆除了收藏和教育功能之外，更加尊重观众自我构建知识的权利，并进一步重视观众本身的动机、需要、期待、体验等情绪和感官需求。" 以观众的体验为核心成为当代博物馆业的一个发展趋势，作为美术馆同样遵循这一发展方向。在以观众体验为核心的美术馆中，观众对展品的"感知经验"将替代"被动学习"，展示空间中的"场所精神"也会取代"展示空间"本身。

观众在美术馆中如何获得良好的体验——在美术馆的展览中要让观众获得良好的体验，首先，需要观众的参与。让观众的参与成为其体验的一种重要方式，无论是展览作品、展示方式，还是空间形态、观览流线，如果都能与观众进行有机互动，将会大大提高观众体验的良好感受度。其次，需要让观众产生情绪共鸣。体验是以人的情感为核心，情感来自于情绪，同时又以情绪的方式进行表达。展览需要对观众不但造成感官刺激，而且转化为情绪冲击，充分触动观众，使其获取内心深层的体会与领悟。

（五）以体验为核心的优秀展示案例分析

"游历柏林犹太人博物馆是一番焦虑而疲惫的体验。昏暗的甬道，高踞的阶梯，沉重的铁门，无处不在的切口与锐角都让参观成为对苦难的感同身受。"丹尼尔·里博斯金设计的柏林犹太人博物馆从设计中标到建成开放耗费了十年时间，当其2001年落成时就受到设计界广泛的关注，设计师对空间的处理完美展现了犹太民族的流浪历程，其巧妙运用"线"的元素对空间进行破碎化的分割，结合材质与色彩，营造出纠结和死亡的情感，隐喻第二次世界大战集中营中死难的犹太人。在细节的处理——博物馆中庭地面散落的锈铁哭脸，也涵盖了这种暗喻，同时极具参与性（观众脚踏哭脸通过，其相互碰撞发出的声音通过中庭被放大成一种类似"哀嚎"的噪音）的表达出这种寓意。这样的处理成为具有强烈体验性展示空间的经典案例（图5~6）。

图5 柏林犹太人博物馆（资料来源：http://www.hudong.com）

图6 柏林犹太人博物馆中庭（资料来源：http://picasaweb.google.com）

## 三、工业遗产改造体验空间设计的原则

如上所述，工业遗产体验空间设计需要充分利用空间的丰富历史内涵去展现时代文化，让观者产生情绪共鸣，感受体验所带来的感官刺激。由此，设计原则总结如下：

（一）保护性原则

对于目前的工业遗产改造项目而言，大量的设计都把其重心建立在改造再利用的开发价值和经济效益上，往往忽略了作为工业遗产本身的保护。因此，我们对工业遗产改造项目一定要进行全面的了解和分析，分等级的划分保护的区域，对于具有重要历史和文化价值的建筑、设备等应实施完整的保留，对于年代较近的建筑、设备等实施选择性的局部保留，使工业遗产改造设计在保留项目原有风貌的同时体现出全新的价值和功能。

（二）互动性原则

对于把工业遗产改造成为美术馆展示体验空间的设计来说，突出观众参观体验中的互动参与性成为设计的核心之一。目前的一些美术馆展览空间和展示陈设设计都采用传统的空间划分和展品陈列方式，突出作品的同时弱化环境，注重参观流线，静态陈列并被动让观众接受。如今，观众更愿意选择接纳新颖的、趣味的、动态的信息。由此，具有互动性的改造设计能够让观众融入展览中，观赏作品的同时身临其境的融于展览所设定的故事情节中并得到相应的心理需求和情绪共鸣。

（三）功能合理性原则

改造设计的实质就是对于原有功能进行合理置换，以满足新的功能需求。但针对工业遗产项目的改造，设计需要兼顾保护和满足新功能，这常常成为改造设计中的一个难点，设计受制于兼顾而有所舍弃；同时由于项目新旧功能的巨大差异，特别是建筑结构上的制约和区域划分所形成的场地限制，成为改造的另一个难点，这些约束都造成了新项目功能的不完整和不合理。因此，改造必须依照新项目的需要，运用分隔、整合、添加、局部拆除等手法，提供全面且合理的功能设计。

（四）艺术性原则

旧工业厂房和车间通常在建造之初的设计都是以满足生产功能而设计的，建筑形式简洁，色彩单一，结构拙实，设计上受到德国包豪斯的现代主义风格功能至上理念的影响，整体形态显得质朴且统一。近年来，一些老旧工厂被重新加以修饰而得到视觉上的更新，到目前为止，改造项目中虽不乏有优秀的设计，但是设计水平整体滞后。与此同时，工业建筑多被改造成艺术、创意产业、设计等园区，进驻机构都是引领时尚潮流的先锋团体，因此，在建筑装饰中的视觉艺术设计处理也就显得更加举足轻重了。

## 四、结论

"以人为本"的价值取向被广泛接受，对于美术馆中的展示空间而言，以观众为中心的体验是当代展示设计的发展方向。与此同时，"绿色、低碳、可持续"成为时代的发展方向，环境艺术设计领域的研究也遵循了这一原则，对于工业遗产改造设计而言，本身就是一种低碳、可持续的处理方式，在当前设计领域中它往往被大众广泛关注但同时也饱受争议。开发性保护、保护性开发，修旧如旧、以新代旧，开展工业遗产旅游、打造新型产业空间等，不管是改造性质、手法还是改造模式都有待于我们针对不同的项目进行详细的研究并找到一种符合其项目特点的解决方案。同时，需要设计工作者结合工业遗产改造和美术馆展示空间的体验性进行综合的研究，把握工业遗产改造设计中的原则、处理手法和美术馆展览空间的功能需求，解决保护与功能合理的矛盾，掌握展览与观者之间的关系，理解体验的实质，最终作出优秀的设计作品。

参考文献

[1]胡学增等.现代科技馆展示理念与新型展示技术发展研究[M]. 上海：上海科学技术文献出版社，2006.

[2]刘会远，李蕾蕾. 德国工业旅游与工业遗产保护[M]. 北京：商务印书馆，2007.

[3]王建国等. 后工业时代产业建筑遗产保护更新[M]. 北京：中国建筑工业出版社，2008.

[4]张相乐. 论作为心理学概念的体验[J]. 长江大学学报（社会科学版）第2008，31(2).

[5]张艳华. 在文化价值和经济价值之间：上海城市建筑遗产保护与再利用[M]. 北京：中国电力出版社，2007.

# 梦·游——新乡土人文体验园的再生理念

**姓名** 金濡欣 杨潇　　**院系** 四川大学艺术学院

文章阐述了如何运用新的概念和方法使传统田园意趣及生活情境与现代人的需求相结合，如何通过创新的理念将西南地域的自然及人文资源在现代生活中得到"再生"。

**关键词：川西地域；再生；乡土体验；夜景观；地域文脉.**

## 一、设计背景

钢筋混凝土的丛林隔开了人们的心灵，纷繁忙碌的工作经常挤满了人们每天的生活日程。城市中提供了各种使人们放松自己的方式——娱乐场所、KTV、酒吧、会所、咖啡厅（图1）…各种人造空间和娱乐方式构成了一幅现代都市人的夜景观。或许有的人还在写字楼里挑灯夜战着加班，或许有的人在住宅中通过网络消遣亦或在各场所中寻求娱乐解脱，但这些空间及环境使现代人的生活与大自然脱节并割断了地域的人文传承，而对乡间、田园及大自然的向往是人们永恒不变的需求。乡村及民俗旅游的开发在试图解决这一矛盾的同时又存在着种种局限（图2）。基于以上现状及背景，本次设计希望通过设计方法和理念的探究，通过夜间乡土人文体验游的开发，提供夜生活的另一种可能（图3）。并在实现这种可能性的过程中使地域人文得到更新与再生。

| | | |
|---|---|---|
| 图1 | 图2 | 图3 |

## 二、梦游——新乡土文人体验园的"再生"概念及具体内涵

本设计基于西南地域的自然生态及人文资源背景，从环境、建筑及景观的角度发展性地挖掘与延续地方特色文化、民俗民风，促进地方自然生态与人文环境的和谐，更好适应区域社会的发展。关注自然生态环境与城乡建设的协调发展、可持续发展、预防和减轻各种灾害、次生灾害的损失、建立灾后重建的生态环境自身修复与再生系统。尝试运用当地本土的原生材料、绿色材料进行建筑及景观的创作，打造新的环境空间形象、发挥新的功能作用，形成良好的再生资源循环系统和供应链，提倡低碳生活，控制建设成本。整体上实现从物理空间到精神空间的更新与再生。

"再生"内涵在项目中的具体体现：

1. 乡土生活意趣上及情景的再生：设计通过建筑空间及景观的营造为人们全方位的体验乡间生活提供自然的环境氛围。设计整体为游人提供全新的感官和视觉、听觉、嗅觉等全身心的体验，如蛙、蝉、鹊、雨、风、稻香…；农忙农闲以及时令、季节的转换。整体首先以大自然、大地景观为背景，深度展现田野情景、农田氛围让人们更好地体验夜的景观。因为农作物的季节变更（大片、大面积）就是乡村最大的景观，而西南地区（巴蜀）最主要的农作物是：稻田和油菜田。与此同时，农民与大自然共同作用产生的景观：沟渠、水车、坝坎以及地方人文遗产（川剧、皮影戏等）便是再自然景观背景之上的重要组成部分。

整体概括如下：

1）农作农田景观——农种、农耕、农忙：

大片油菜盛开时节、油菜收割时节（油菜秸秆的晾晒与堆放）、水稻种植时节、插秧、水稻正绿时节、水稻收割时节（大片谷堆与稻草垛）等。

2）四时、四季、不同时节自然景观——春分、盛夏、仲秋等。

3）不同天气与气象：雨、风、太阳、雾、霜等。

项目设计以这些因素为背景，整合各种有效自然因素，尊重自然，让人们更好地体验乡土生活的情景氛围，在时空对话中实现传统生活意趣的再生。

4）农民与大自然共同作用产生的景观：沟渠、水车、坝坎。

5）人文景观：具有地方人文特色的生活结晶——川剧、小戏剧、皮影戏、手影戏等。

2. 文学中的景观再生：如果用一种文艺形式来代表一个国度，德国是音乐的国度，意大利是雕刻与绘画的国度，那么中国便是一个诗歌的国度。诗、词是中国文学最典型的形式。从诗经的风、雅、颂到汉乐府再到唐诗、宋词、元曲，中国历代以诗词这种独特的文学形式描绘着大自然与社会。而描绘西南地区、巴蜀地区的诗篇和文人也在我国文化宝库中占据了重要的组成部分。杜甫、李白、苏轼都是曾经在巴蜀地区生活过的重要诗人，并留下了众多描绘西南地域的经典诗篇，成为文学宝

库中的重要一笔（图4）。后工业社会，我们的日常生活中已经没有了心境去更好的体会这些农耕文明带来的精神享受，社会不断地制造着商业、别墅、广场等景观。那么既然我们需要景观环境，为什么不换种思路，在文学缔造的景观中寻求再生，连接我们的过去与未来，传承地域文脉呢？项目在景观及环境的营造上将文学中描绘西南地区及自然的典型情境更新重置，选取了具有代表性和典型性的诗篇意境融于整个景观空间中，形成了潜在的7个主题和3个景象。分别是：

七个主题：归田园（来源于陶渊明的《归田园居》）；茅屋为秋风破（来源于杜甫的《茅屋为秋风所破歌》）；观天象（来源于庄子的《列御寇》）；饮酒（来源于李白的《将进酒》等）；品茗（来源于郑板桥四川青城山天师洞联）；对弈（来源于南唐李中诗云：听雨入秋竹，留僧复旧棋。）；赏月（来源于唐代王建的《十五夜望月》）。

三个景象：夏夜乡行（来源于辛弃疾的《西江月》）；中秋月明（来源于汉魏古诗）和乡间梦游。

图4

3. 地域营造方式的再生：西南地区是地域性建造方法非常丰富的地区。而四川也是拥有丰富且有突出特色的乡土建筑。这些传统的乡土营造理念充满了劳动人民的智慧，并具有方便、环保的优势。建筑空间的塑造便吸取当地的构筑方法结合创新的应用理念，让传统的空间重获生机。

4. 原生态材料循环利用的再生：

项目所运用的材料尽量选取当地原生材料：草、秸秆（稻草、油菜杆、柳条、藤、荆）；木材、竹匹、竹片、竹篾、竹条；生土、土坯；卵石、绿色建材、坎石等。这些材料源于当地大自然及农田中的农作物，可以根据季节的转换对材料进行更新替换和循环利用，在充分挖掘了原始生物材料新的功用的同时本身成为一种变化的、流动的景观。

## 三、具体实现方式和方法

项目的整体概念和形态上运用"编织"的意象，使景观综合体在平面及立面的三维空间中穿插延伸，将功能空间更好的融于基地自然和大地的肌理中。

"竹编"是西南地区也是四川最有代表性一项传统手工艺（图5），通过竹子乃至其他原生生物材料编织而成的生活器具深入到本地域老百姓世代的生活起居中。从工艺到器物，它都是一个能代表本地域特点的标志性符号。而将编织运用到建筑空间中是从器物空间向建筑空间的一个跨越。竹筐、竹篓、草篮等都用编织创造出了"容器"，"容器"既是一种空间，又将这种空间放大，则"编织"变成了一种构筑方式，生物材料变成了建筑材料。将编织运用到项目概念中，是将其贯穿于具体物理空间的营造到整体布局的营造中。具体体现如下：

图5

1. 形式上：整体设计空间形式依据——"编织"

1）平面上：与乡间道路、田坎、水渠、农田等原有乡间景观肌理的编织穿

插，形成功能空间节奏链接紧密的景观平面布局。

2)竖向上：通过建筑、平台、栈道、廊桥、梯步等景观元素，形成高低错落，不同高度观赏体验农田景观的竖向景观空间。

3)景观建筑上：整体的景观建筑，在以原有的农田景观为大环境的前提下，通过草、竹、木、藤等原生态材料的编织来实现，回归原生态的的自然景观状态。

2. 功能上：（生活内容）——（建筑空间）

1）茶社——冥想空间

2）酒吧——释放空间

3）露天剧场（露天乐队演出、民间皮影戏剧）——交往空间

4）民间手工坊——展示空间

5）西蜀廊桥（廊桥栈道等景观元素）——链接空间

3. 景观建筑空间形式载体上：

1）景观空间形式载体：人文景观——诗文、村落、农舍等；乡土自然景观——节气、农田、农作物等。

2）建筑空间形式载体：谷堆、草垛、林盘（图6~7）。

图9

图6

图7

3）景观建筑空间具体材料、构造（图8~9）：

自然材料：草→秸秆（稻草、油菜杆、柳条、藤、荆）；木（竹）→（木材、竹匹、竹片、竹篾、竹条）；土→土坯；石→条石、坎石、卵石。

构造方法：草→编织；木→构筑；土→浇灌、夯实；石→砌筑。

图8

## 四、结束语

通过功能的注入与整合、编织理念的提取与创作、建筑空间及景观氛围的把握和营造，本设计尝试在基于西南本地域的原有要素和原材料的基础上进行更新和再生，最终达到"地域建造方式"、"原生材料循环利用"、"文学中的景观"、"乡土生活意趣"四个方面具体涵义的再生。设计所创造的空间是一种有机的合体，建筑空间及景观的受用者结构上也更加立体——使用者属性上可大致分为：游客（城市中来或其它地域）和当地乡民（本土乡下）。而游客可以是任何一种职业者：摄影师、画家、作家、小说家；或许是任何一位普通的上班族。其与乡民二者之间的有机互动便类似传统文人（诗人、词人）与乡民之间的有机关系。在时间上，注重夜间景观的描绘和功能的优化，为现代城市人夜生活提供了另一种可能性，以期在乡土的体验、全新的感官中产生时空的对话，在过去与未来间延续地域人文特色。

中建杯"5+2"环境艺术设计大赛
**四川美术学院设计艺术学院**
THE 5+2 ENVIRONMENTAL ART DESIGN CONTEST OF THE CUP OF
CHINA INSTITUTE OF ARCHITECTURAL DECORATION AND DESIGN
**SICHUAN FINE ARTS INSTITUTE**

　　四川美术学院设计学科始建于1940年，在七十余年的发展历程中始终保持传统学科的优势，一方面努力致力于办学文脉的传承，另一方面积极适应社会发展需求，加强学科建设，不断提高人才培养质量。1982年四川美术学院首批获得硕士学位授予权并建成多个设计学科的研究生硕士学位授权点。2008年被评为重庆市艺术学研究生教育创新基地，现已有设计学一级学科点，设计学一级学科被评为重庆市（省级）重点学科；艺术设计、工业设计本科专业被评为国家级特色专业建设点；环境艺术设计系、视觉传达设计系被评为重庆市优秀教学团队，服装艺术设计系被评为重庆市人才培养模式创新试验区；艺术实验教学中心被评为国家级高校实验教学示范中心。

　　四川美术学院设计学科经过长期的探索与实践，凝练了"设计以人为本，追求人与人的公平存在，营造人与环境的和谐共生"的设计理念，并贯穿于设计教育的各个环节，培养了大批优秀设计人才，在师生设计实践中取得了显著成果。近年来，设计艺术学院陈恩生、黄嘉、王立端教授先后获得重庆市（省级）教学成果一等奖；在第十届全国美术作品展览中，郝大鹏教授的"重庆洪崖洞传统民居旧城改造风貌规划设计"荣获铜奖，设计艺术学院45名师生设计作品入选，8人获奖；第十一届全国美术作品展览，段胜峰教授等的"全地形突击救援车设计"荣获金奖，设计艺术学院37名师生设计作品入选，5人获奖。这些重要奖项，体现了设计艺术学院在全国设计学科中的优势与实力。四川美术学院设计学院将为"设计在中国、设计在西部、设计在重庆"的奋斗目标，承担起携手西部设计教育共同发展的社会责任。

中建杯"5+2"环境艺术设计大赛

**中国建筑装饰工程有限公司**
**设计研究院**

THE 5+2 ENVIRONMENTAL ART DESIGN CONTEST OF THE CUP OF
CHINA INSTITUTE OF ARCHITECTURAL DECORATION AND DESIGN
**CHINA CONSTRUCTION DECORATION CO.,**
**LTD DESIGN & RESEARCH INSTITUTE**

中建装饰设计研究院有限公司(简称中建装饰设计院),是中国建筑工程总公司的全资企业,是目前国内规模最大的装饰设计旗舰集团公司,是中国建筑装饰设计业务管理机构与运营平台。拥有"海外装饰"、"中外园林"、"东方装饰"、"华鼎装饰"、"三局装饰"、"中建幕墙"等多个设计子品牌;拥有"上海分院"、"深圳分院"、"西南分院"三个区域分院以及五个综合设计分院,三个专业设计研发中心及若干设计所。

中建装饰设计院荣获"IAID最具影响力建筑装饰设计机构"、"中国最具影响力的十大室内建筑设计机构"、"第四届中国国际设计艺术博览会金奖"、"第四届中国国际设计艺术博览会最具影响力设计机构"、"第十五届亚太地区室内设计大奖金奖"、"中国国际设计艺术博览会最具影响力优秀设计机构"、"全国绿色环保设计百强企业"等多项殊荣。

中建装饰设计院以"引领行业发展,推动设计原创"为目标,提供全产业链的业务服务,包括项目咨询策划、设计总包管理、项目运营管理、建筑规划、景观园林、灯光照明等全过程一体化设计综合服务。始终坚持以"专业的精神、专业的设计、专业的服务"打造设计作品,如"上海环球金融中心"、"CCTV新台址"、"首都机场"、"国贸三期"等项目。设计院拥有800多名设计师,其中190人荣获"全国最具影响力的资深设计师"、"全国杰出中青年设计师"称号。